かんたんお菓子

好吃的点心，理想的下午

〔日〕白崎裕子 著 赵可 译

南海出版公司

前 言

甜点世界之门

小学三年级时，我照着图画书烤出了人生中第一份饼干。虽然不太好看，但饥肠辘辘的妹妹还是非常高兴地说：“真好吃！”从那天起，我便迷上了做甜点。

一开始，我用拉面碗当搅拌碗、用橡皮筋把筷子扎成一束当作打蛋器，无论做饼干还是蛋糕，都用平底锅煎烤。直到小学六年级，我才用过年收的红包买了一台小小的红色烤箱。在从秋叶原返家的电车上，我抱着膝盖上的烤箱晃了两个小时，小脑袋一片混乱：“买这种东西回家，我究竟是怎么想的啊！”

本书中的甜点所需原料主要有各种粉类、豆浆、植物油和甜味调味料。只用这几类原料，只要调整一下配比、做法稍加改变，就能做出不同风味和口感的饼干、蛋糕。

本书原料表中的面粉指的都是低筋面粉。我们可以用葛根粉代替土豆淀粉、用枫糖代替甜菜糖，甜度与油的用量也可以适当调整。

新经典文化股份有限公司
www.readinglife.com
出 品

了解每一种原料，我们才能轻松做出可以安心享用的甜点。

如果你是第一次做甜点，可以先选择比较简单的来尝试，这一点非常重要。只要迈出了第一步，自然而然就会慢慢掌握更多甜点的做法。由易到难是本书编排设计方面的一大特色。

不知道这本书是否能够为大家开启“甜点世界之门”，但或许我能把开启这扇门的钥匙交到你们手中。这就是我的愿望。

CONTENTS

饼干

蛋糕

挞

司康

关于本书

 = 做面糊 / 面团所需的时间可根据个人习惯进行调整。注意，如需饧面[①]，时间另算。

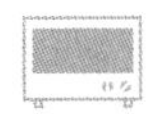 = 本书中用的烤箱功率为1400瓦，请根据自家烤箱的功率酌情调整烘烤时间与温度。

 = 常见问题的解决办法，可参考"白崎裕子 Q&A"（第115页）。

＊书中的称量单位"1勺"指1平勺，1大勺＝15毫升，1小勺＝5毫升。

＊称取原料时建议使用电子秤，原料用量准确是成功的关键，因此要精确称重。

＊保存方法：烤好的饼干要在完全冷却后，与干燥剂一起放入密封容器中保存，这样可以避免受潮，作为小礼物送人也很方便。/ 挞和饼干一样，可以与干燥剂一起装入较大的保鲜盒或保鲜袋中保存，以免受潮。/ 司康要在还微微有些余热时装入保鲜袋中保存。第二天享用时，只需用喷雾器喷湿表面再放入烤箱，以180℃重新加热，就可以恢复刚烤好时的口感。/ 蛋糕的保存方法请参阅食谱。甜点做好后，请尽快享用。

＊如果没有模具，可以把面糊或面团摊开烘烤，也可以用纸自制模具，还可以在不锈钢搅拌盆内铺上油纸，当作模具。另外，做饼干时如果没有专用模具，可以试着用刀切块、用手揉成小球，或者用叉子整形，无论怎样都可以做出美味又可爱的饼干。

---

①制作面食的一道工序，将做好的面团在进一步加工前静置一段时间，使其松弛变软。在发面过程中又称醒面。

Cookie

饼干

饼干是一种基础甜点，储存方便，大家都很喜爱。
用低温慢慢烘烤，可以使水分彻底蒸发，成品口感酥脆。

烤好的饼干完全冷却后，
才能装入密封容器中保存，以免受潮。
放入市售饼干或袋装海苔中的干燥剂一起保存，
饼干的酥脆口感可以保持更长时间。

泡一杯茶，配几块饼干，
就算之前觉得“今天真倒霉”，
也会转念释然——“有什么关系呢”，
这就是饼干的神奇之处。

黄豆粉饼干

10 分钟

25 分钟

不用鸡蛋和黄油，又想让饼干拥有酥脆的口感，必须注意这两点：

第一，尽量不要用手揉捏做好的面团，特别是手温较高的人，这会让面团变硬，影响成品的口感。

第二，必须将菜籽油与枫糖浆搅拌至浓稠状态，使其充分乳化。或许有人会问“什么是乳化”，简单来说，就是让水和油充分混合。掌握这个技巧之后，才能使菜籽油均匀融入面团中。我们可以用刚刚搅拌过粉类原料的打蛋器混合液体原料，这样就会混入少量粉类，乳化会更加顺利。具体做法请参考第 20 页。

满满的怀旧感，深入人心的美味。
本书中制作饼干需要掌握的基本功，
全都体现在这款饼干中了。

Q **为什么饼干总是烤不熟？**

如果烤箱设定的温度太低，可能无法让饼干熟透。烤箱种类不同，实际烘烤效果会产生差异，下次不妨把温度稍微调高一点儿。

◎ 黄豆粉饼干的做法

原料（约30块）

Ⓐ 低筋面粉…80克
黄豆粉…20克

Ⓑ 枫糖浆…45克
菜籽油…30克
盐…1小撮

用紫薯粉代替黄豆粉，
就能做出紫薯饼干！

1 混合粉类原料

将Ⓐ倒入到搅拌碗中，用打蛋器充分混合，注意不要留有结块。

2 混合液体原料

把Ⓑ倒入小号搅拌碗中，用混合过粉类原料的打蛋器搅拌至浓稠状态，充分乳化（参考第20页）。

{ POINT }

液体原料乳化后颜色发白，呈浓稠状

把所有原料整理成一团

3 混合所有原料

把2倒入1中，用刮刀整理成一团。

4 擀平面团

把面团放在与烤盘大小相当的油纸上，稍稍压扁后盖上保鲜膜，用擀面棒擀成厚约5毫米的面片。

5 整形

用刀或其他工具轻轻切块，并用竹签在每块饼干坯上扎些小孔，连同油纸一起移入烤盘中。

6 烘烤

把烤盘放入预热至160℃的烤箱烘烤10分钟，取出后沿着之前的切痕彻底切开。将烤箱温度调至150℃，再烤15分钟。

更多口味

· 紫薯饼干

将原料Ⓐ中的黄豆粉换成紫薯粉，做法不变。

◆◆◆

如何判断是否烤好

用手指轻轻推一下烤过的饼干，如果可以轻松移动，就说明烤好了。冷却后再吃更酥脆。

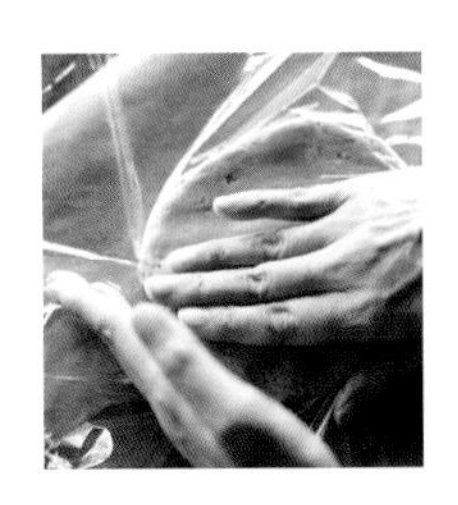

▶ 盖上保鲜膜再整形比较方便

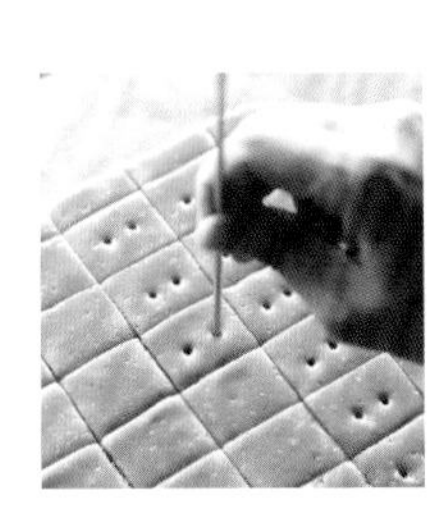

▶ 如果没有竹签，可以用叉子代替

每块饼干都要彻底切开，把侧面也烤酥脆

经典饼干

车达乳酪风味饼干

10 分钟

25 分钟

酒糟具有特殊的发酵风味，加入盐和油，放入烤箱用低温慢慢烘烤，能使酒精蒸发，产生类似乳酪的香味。

选用质地柔软的酒糟，做起来比较容易。如果酒糟太硬，可稍微减少用量，加少许豆浆。

最适合当作下酒小食的乳酪风味饼干。

原料（约30块）

Ⓐ 低筋面粉…85克
全麦面粉…15克
盐…2小撮
黑胡椒…少许

Ⓑ 酒糟…15克
豆浆…10克
菜籽油…30克
枫糖浆…20克

1 把Ⓐ倒入搅拌碗中（a），用打蛋器混合均匀，注意不要留有结块。

2 把酒糟放入小号搅拌碗中，倒入豆浆浸泡至膨胀（b），加入菜籽油和枫糖浆，用打蛋器搅拌成柔滑的糊状（c），充分乳化。

3 把1倒入2中，用刮刀整理成一团。把面团放在与烤盘大小相当的油纸上，稍稍压扁后盖上保鲜膜，用擀面棒擀成4毫米厚的面片。用刀或其他工具轻轻切分，并用竹签在每块饼干坯上扎些小孔（d），连同油纸一起移入烤盘中。

4 把烤盘放入预热至160℃的烤箱烘烤10分钟，取出后沿着之前的切痕彻底切开。把烤箱温度调至150℃，再烤15分钟。

a

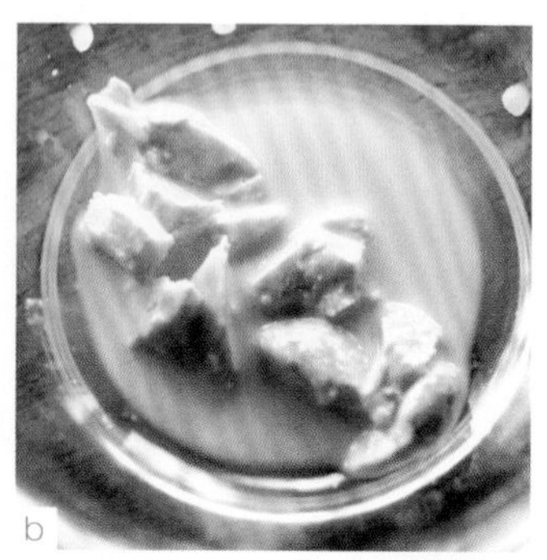
b

c

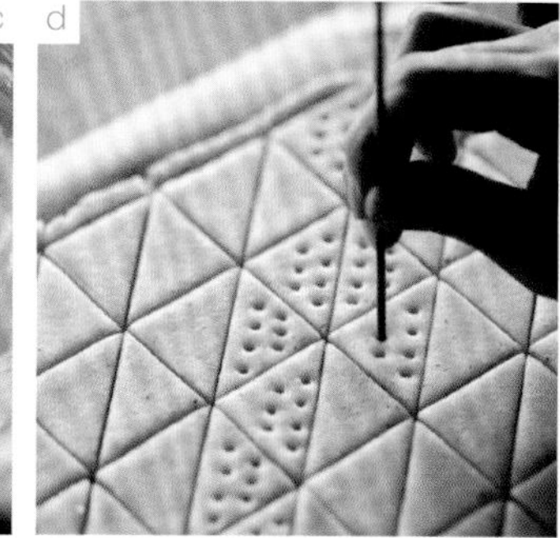
d

更多口味

在第 1 步加入少许干罗勒和蒜粉也非常美味。如果有剩余的酒糟，可以做成"酒糟松露"（第 110 页），物尽其用。

Q 为什么烤好的饼干颜色深浅不一？

如果酒糟没有完全化开，就会出现这种现象。因此，在第 2 步必须将酒糟和液体原料搅拌至柔滑状态，再加入粉类原料混合均匀。

椰子饼干球

10 分钟

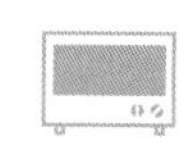

30 分钟

这份食谱中豆浆的用量很少，常常有朋友会问“是否可以用水代替？”其实，正因为加入了少量豆浆，菜籽油和枫糖浆才能充分乳化，做出的饼干毫无油腻感、同时富有奶香味。因此，最好不要改变原料配比。将柔软的小块面团迅速揉成球状，高温烤至表面膨松，再转用中低温继续烘烤，就会做出口感酥脆、轻盈的饼干。

原料（约20块）

Ⓐ 低筋面粉…60克
全麦面粉…20克
土豆淀粉（或葛根粉）…20克
泡打粉…1/2小勺

Ⓑ 枫糖浆…50克
菜籽油…35克
豆浆…10克
盐…1小撮

Ⓒ 椰蓉…20克

＊请选用白色的100%纯椰蓉，不要选择金黄色椰蓉（其中添加了黄油、鸡蛋、糖等）。

一款入口即化、奶香浓郁的饼干。
尽量不要过多地用手揉面团，快速揉成小球后尽快烘烤。

1. 按照黄豆粉饼干的做法（第10页）第1～3步混合面团，盖上保鲜膜静置5分钟（a）。
2. 待面团吸收水分、变得有弹性后，加入椰蓉，用橡胶刮刀迅速拌匀，然后分成20等份，摆在油纸上（b），用手掌将它们快速搓成小球（c）（d）。
3. 将饼干坯连同油纸一起移入烤盘中，放入预热至170℃的烤箱烘烤10分钟，然后将温度调至150℃，再烤20分钟。

a

b

c

d

更多口味

用杏仁粉代替椰蓉，可以做成杏仁饼干球；用切碎的核桃仁代替椰蓉，可以做成核桃饼干球。

简单 Tips

如果没有全麦面粉可以不加，将低筋面粉的用量增加 20 克即可。

Q 为什么饼干表面没有出现照片中这样的裂缝？

烘烤的前 10 分钟，如果烤箱内温度过低，饼干表面就不会出现裂缝。请充分预热烤箱，或者将温度调高一点儿。

比司吉

10 分钟
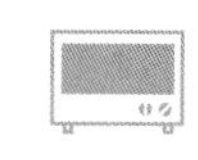
25 分钟

用饼干模做不含黄油的饼干，成品很难有酥脆的口感。因为在用模具整形的过程中，需要反复将面揉成团、擀平，容易形成面筋。这份配方解决了这个问题，面团不易形成面筋，适合用模具整形。加少许甜菜糖可以增加面团的黏性，就算做薄饼干也不容易开裂。加少量泡打粉，成品表面会更平整漂亮，当然，不加也可以烤出美妙的滋味。

酥脆轻盈的口感，简单质朴的味道。
看似平凡的饼干却是难得的美味。

原料（20 ~ 25块）

Ⓐ 低筋面粉…90克
土豆淀粉（或葛根粉）…10克
杏仁粉…20克
泡打粉…1小撮（可不加）

Ⓑ 枫糖浆…50克
菜籽油…30克
甜菜糖（或枫糖）…5克
盐…1小撮

1 把Ⓐ倒入搅拌碗中，用打蛋器混合均匀，注意不要留有结块。

2 将Ⓑ倒入小号搅拌碗中，用打蛋器搅拌均匀，充分乳化（尽量使甜菜糖溶化）（a）。

3 把2倒入1中，用橡胶刮刀整理成团（b）。取两张保鲜膜上下包住面团，稍稍压扁后用擀面棒擀成厚约4毫米的面片（c），用喜欢的模具切成小块（d），用竹签扎些小孔。

4 将切好的饼干坯码放在铺了油纸的烤盘中，放入预热至160℃的烤箱烘烤10分钟，然后将温度调至150℃，再烤15分钟。

a

b

c

d

简单 Tips

如果没有杏仁粉，用全麦面粉或玉米粉代替也非常美味。

更多口味

黄豆粉奶油夹心饼干（第 25 页）：用比司吉夹上混有葡萄干的黄豆粉奶油（第 24 页）即可。

果酱夹心饼干（第 21 页）：用比司吉夹上草莓果冻果酱（第 76 页）即可。另外，还可以用全麦比司吉搭配蓝莓果冻果酱，此时需要把原料Ⓐ中 1/2 的低筋面粉换成等量全麦面粉。

肉桂巧克力比司吉

10分钟

25分钟

美味的巧克力风味比司吉。
不易碎裂，是作为礼物的最佳选择。

用喜欢的饼干模切分成小块后，再用叉子背面在饼干坯四边压出可爱的波浪花边。用竹签扎个小孔，烤好后串在绳子上当作圣诞节的吊饰，也非常有趣。用肉桂巧克力比司吉搭配柠檬凝乳（第78页）或豆浆酸奶油（第108页），美味令人难以抗拒。注意不要太贪吃哦。

原料（约20块）

Ⓐ 低筋面粉…90克
可可粉…10克
杏仁粉…20克
肉桂粉…1小勺
泡打粉…1小撮（可不加）

Ⓑ 枫糖浆…50克
菜籽油…30克
甜菜糖（或枫糖）…10克
盐…1小撮

1 按照比司吉（第16页）的做法第1～2步操作。

2 将粉类原料加入乳化的Ⓑ中，用橡胶刮刀快速混合、整理成面团。取两张保鲜膜上下包住面团，用擀面棒擀成厚约4毫米的面片，再用喜欢的模具切成小块。

3 将切好的饼干坯码放在铺了油纸的烤盘中，放入预热至160℃的烤箱烘烤10分钟，然后将温度调至150℃，再烤15分钟。

简单Tips

如果不喜欢可可粉，可以用角豆粉*代替。将原料Ⓐ中的“低筋面粉90克+可可粉10克”换成“低筋面粉80克+角豆粉20克”，做法不变。

更多口味

果酱夹心饼干（第21页）：把原料Ⓐ中的肉桂粉换成姜粉，做成巧克力姜饼，夹上橘子果冻果酱（第76页）即可。

* Carob powder，由角豆树的豆荚和种子磨制而成，味道和颜色与可可非常相似，但脂肪含量很低、不含咖啡因，常用来代替可可粉。

Q 没有饼干模怎么办？

按照黄豆粉饼干的做法（第 10 页），用刀切开即可。

乳化的秘诀

简单来说，乳化就是让油与水均匀混合在一起。混合枫糖浆与菜籽油、豆浆与菜籽油或豆腐与菜籽油时，都会用到这种技巧。通过乳化，油可以均匀地融入面团，做出的甜点更美味。也就是说，乳化是让没有加黄油的甜点同样可口的技巧。听起来有点复杂，但做起来并不难，只要掌握重点，大家都能轻松完成。

另外，液体呈浓稠状态，乳化更容易成功。在本书中，我会借助打蛋器上残留的粉类原料或米饴①的黏性，或者会通过在豆浆中加入柠檬汁、在枫糖浆中加入甜菜糖等方式使乳化更顺利，因此请严格按照书中的食谱制作。

POINT

- 搅拌时动作幅度不宜过大，也不要过于用力、发出声响。
- 按顺时针方向搅拌。
- 先以某一点为中心，画小圈混合。
- 开始乳化后，渐渐扩大画圈范围，整体混合。

尽量让打蛋器与水平面保持垂直，以搅拌碗底部一点为中心混合。

先画小圈，开始乳化后，渐渐扩大圆圈半径。

①由大米淀粉经发酵糖化制成的甜味调味品，和麦芽糖有许多相同点，用法也基本相同。

Q 为什么果冻果酱（第76页）无法凝固？

果酱如果煮过头，其中的酸性物质会破坏寒天粉①的凝固性。注意不要煮太久。

① Kanten，从红藻中提取的植物胶，呈白色粉状，凝固性是琼脂的2～3倍，常用于制作日式点心。

花式饼干

菊花酥

10 分钟

25 分钟

将黏软的面团挤成小小的菊花状，烤熟。黄豆粉风味浓厚，饼干入口即化。如果没有裱花袋，可以将保鲜袋剪去一角来代替裱花袋。将菊花酥放入小瓶子中保存，让人觉得幸福满满。

原料（约 40 块）

Ⓐ 低筋面粉…65克
土豆淀粉（或葛根粉）…15克
黄豆粉…20克

Ⓑ 枫糖浆…55克
菜籽油…50克
盐…1小撮

a

b

c

1 按照黄豆粉饼干的做法（第10页）第1～3步混合面团（a）。

2 将面团装入裱花袋中，在铺有油纸的烤盘上挤成菊花状（b）。

3 将烤盘放入预热至160℃的烤箱烘烤10分钟，然后将温度调至150℃，再烤15分钟即可取出（c）。

入口即化，一款风味浓郁的饼干。用裱花袋挤得小一些，是美味的秘诀。

简单 Tips

如果没有裱花袋，可以将保鲜袋（选用较厚的）剪去一角来代替。轻轻捏住裱花袋前端，挤出的形状会更漂亮。

更多口味

黄豆粉奶油夹心饼干（第 25 页）：用菊花酥夹上黄豆粉奶油（第 24 页）即可。

Q 为什么挤好的饼干坯表面会有浮油？

如果加入粉类原料后搅拌过度，或者挤饼干坯时动作过慢就会形成面筋，使油从中分离。因此，要适度搅拌、快速做好饼干坯。

黄豆粉奶油

这是一款用有机起酥油做成的奶油霜，具有黄豆粉独特的风味，夏天室温下会融化，建议冬天制作。除了夹在饼干中享用，还可以抹在麦芬上。注意，制作时一定要用有机起酥油（不能用菜籽油代替）。没有这款奶油也没关系，但用它搭配甜点可以带来惊喜与欢乐。

原料（便于制作的用量）

有机起酥油…50克
枫糖浆…35克
黄豆粉…12克
盐…1小撮

做法

1 将有机起酥油放入搅拌碗中，用小号打蛋器搅拌成奶油状。加入其他所有原料，混合至柔滑状态即可。

2 放入冰箱冷藏保存。

＊如果起酥油变硬，可将其放入容器中用热水隔水加热软化。注意不要让起酥油融化。

黄豆粉奶油夹心饼干

（做法请参考第 17 页、第 22 页）

比司吉
×
葡萄干
×
黄豆粉奶油

菊花酥
×
黄豆粉奶油

Q 怎么吃更美味？

建议放入冰箱冷藏后享用。葡萄干用朗姆酒浸泡一下，风味更佳。

全麦饼干棒

10 分钟

30 分钟

一款口感酥脆的硬饼干。
要充分烘烤，快速完成。

不知不觉已经做了十多年的饼干，这款饼干是我烘焙生涯的起点。

在面团中加入切碎的坚果或水果干，就可以做出和自然食品店中贩售的黄油酥饼一样的口感。现在细想会觉得：这哪里是黄油酥饼啊？但每次动手做的时候，我都会感受到那种不用黄油就能烤出酥脆饼干的喜悦。

原料（约 20 根）

Ⓐ 低筋面粉…50克
全麦面粉…50克
甜菜糖（或枫糖）…25克
盐…2小撮

Ⓑ 菜籽油…30克
豆浆…20～25克

1 将Ⓐ放入搅拌碗中，用打蛋器混合均匀，注意不要留有结块。

2 倒入菜籽油，用打蛋器混合成松散的碎屑状（a），倒入豆浆，用橡胶刮刀整理成团（b）。
＊利用打蛋器，手温较高的人也能顺利完成。手温较低的人可直接用手快速搅拌。

3 将面团放在与烤盘大小相当的油纸上，稍稍压扁后盖上保鲜膜，用擀面棒擀成厚约4毫米的面片（c），再用刀或其他等工具切成细条（d），连同油纸一起移入烤盘中。

4 将烤盘放入预热至160℃的烤箱烘烤10分钟，取出后沿着之前的切痕彻底切开，将烤箱温度调至150℃，再烤20分钟。

a

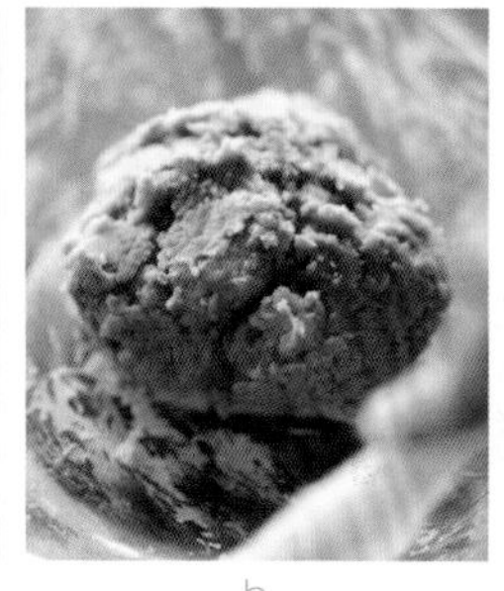
b

c

d

更多口味

· 咸饼干棒
饼干刚出炉时趁热撒上盐。

· 黑芝麻饼干棒
在原料Ⓐ中加入10克炒熟的黑芝麻，做法不变。

· 肉桂饼干棒
在原料Ⓐ中加入1小勺肉桂粉，枫糖浆用量增加10克。饼干出炉时，趁热再撒些肉桂粉。

Q 为什么烤好的饼干会开裂？

这是因为水分不足。进行到第2步时，如果难以整理成团，可酌情多加些豆浆。

白芝麻薄脆饼

10 分钟

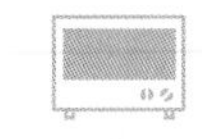

35 分钟

原料（12片）

Ⓐ 低筋面粉…55克
麦片…45克
甜菜糖（或枫糖）…40克

Ⓑ 菜籽油…40克
豆浆…40克
盐…1小撮

Ⓒ 炒熟的白芝麻…20克
椰蓉…5克（可不加）

将麦片用手捏碎，变成粉末和小碎片，这种形态上的差异会带来独特的口感。请尽量捏碎麦片，否则麦片无法充分吸收水分，饼干会失去酥脆的口感。

酥脆香浓的薄脆饼。
在烤盘上摊平烘烤，
大家一起掰着吃，
享受美好的时光。

1 将麦片放入碗中，用手捏碎（a），加入低筋面粉、甜菜糖，用打蛋器混合均匀，注意不要留有结块。

2 把Ⓑ倒入小号搅拌碗中，用打蛋器搅拌至充分乳化（b）。

3 把2倒入1中，用橡胶刮刀混合成均匀的面糊，静置1～2分钟后加入Ⓒ拌匀（c），用勺子将混合好的面糊分成12等份，盛到与烤盘大小相当的油纸上，用勺背摊成圆形（d）。

4 将饼干坯连同油纸一起移入烤盘中，放入预热至160℃的烤箱烘烤10分钟，然后将温度调至150℃，继续烤20～25分钟，直至饼干变得酥脆。

a

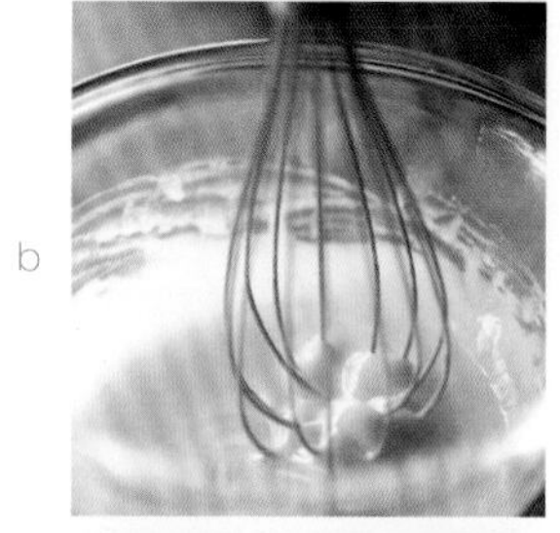

b

c

d

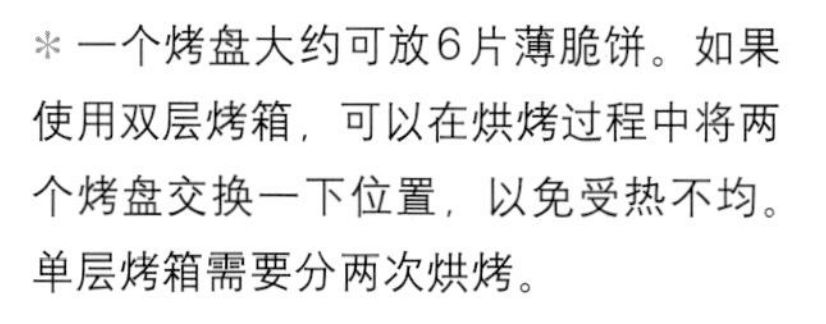

＊一个烤盘大约可放6片薄脆饼。如果使用双层烤箱，可以在烘烤过程中将两个烤盘交换一下位置，以免受热不均。单层烤箱需要分两次烘烤。

简单 Tips

如果没有椰蓉，可以将炒熟的白芝麻用量增加 5 克。

◆ ◆ ◆

更多口味

将炒熟的白芝麻换成杏仁片，用同样的方法制作，就成了杏仁薄脆饼。做成与烤盘大小相当的超大饼干，也非常美味。

巧克力脆饼

10 分钟

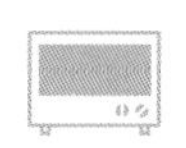

20 分钟

在烘烤过程中，饼干中的甜菜糖慢慢融化，冷却后，这款冬季经典饼干就做好了。面团中没有加水，成品口感独特。把饼干坯切成薄片看起来很漂亮，但也容易变形，做不好的话可直接用手握成小球，一样能做出酥脆的口感与独特的风味。

冬季限定的巧克力饼干。入口松脆酥香，好吃得停不下口。

原料（约 24 块饼干或 40 个饼干球）

Ⓐ 低筋面粉…90克
可可粉…10克
杏仁粉…20克
甜菜糖（或枫糖）…50克
盐…1小撮

Ⓑ 菜籽油…40克

1. 将Ⓐ倒入搅拌碗中，用打蛋器混合均匀，注意不要留有结块。
2. 倒入Ⓑ，用橡胶刮刀混合成湿润、有黏性的散碎小块（a），然后整理成团。
3. 用手将面团整形成柱状（圆柱、长方体、三棱柱都可以）（b），切成厚约5毫米的片（c）。
4. 将饼干坯放在铺了油纸的烤盘中，放入预热至160℃的烤箱烘烤10分钟，然后将温度调至150℃，再烤10分钟。取出饼干，冷却后在表面筛一层可可粉（另备）。

＊饼干出炉时有点软，冷却后就会变硬，注意不要烤过头。

a

b

c

简单 Tips

也可以直接用手握成小球(d)，大约可以做 40 个(e)，烤好后同样美味。

d　e

节日饼干

杏仁酥饼

15 分钟

35 分钟

用勺子将面糊填入模具中，放入冰箱冷藏，定形后再放入烤箱烘烤。也可以选择大一些的模具，不过面糊的厚度最好不要超过 1 厘米。注意，不要用力压面糊，轻轻填入即可。

最适合在冬天享用、风味浓郁的饼干。
在新年或圣诞节等特别的日子，
亲手试做一下吧。

原料（20 个边长 4 厘米的正方形模用量）

Ⓐ 低筋面粉…80 克
　杏仁粉…40 克
　盐…1 小撮

Ⓑ 有机起酥油…50 克
　（或 40 克菜籽油）

Ⓒ 枫糖浆…60 克

1　将Ⓐ倒入搅拌碗中，用打蛋器混合均匀，注意不要留有结块。

2　倒入Ⓓ，用叉子碾压、混合，直至起酥油呈米粒状、与粉类原料混合成松散的细颗粒（a）。

3　倒入Ⓒ后整理成团。选择喜欢的模具（b），用勺子填入面糊（c），轻轻抹平表面，放入冰箱冷藏至少 30 分钟，直至饼干坯冷却定形。

4　将模具移入烤盘中，用叉子在饼干坯表面扎些小孔（d），放入预热至 170℃的烤箱烘烤 10 分钟，然后将温度调至 150℃，再烤 25 分钟。

a

b

c

d

＊如果选用菜籽油，要先混合菜籽油与枫糖浆，搅拌至充分乳化，再倒入 1 中拌匀。填入模具后无须冷藏，直接放入预热至 160℃的烤箱烘烤 10 分钟，然后将温度调至 150℃，再烤 20～25 分钟即可。

更多口味

在原料Ⓐ中加入1小勺肉桂粉、1/2小勺姜粉，就可以做出适合圣诞节享用的香料酥饼。还可以再加1/4小勺丁香粉，风味更佳。

起酥油融化、面团变得黏滑怎么办？

放入冰箱冷藏一段时间再取出制作。

巧克力酥饼

15 分钟

35 分钟

在杏仁酥饼中加入可可粉和朗姆酒，
就变成了适合成年人的风味。
可以用手掌和指尖随意整形。

原料（1块直径约20厘米的大饼干）

Ⓐ 低筋面粉…80克
杏仁粉…40克
可可粉…15克
甜菜糖（或枫糖）…10克
盐…1小撮

Ⓑ 有机起酥油…50克

Ⓒ 枫糖浆…50克
朗姆酒…10克

与杏仁酥饼相比，制作这款酥饼的面团要硬一些，更容易处理，不需要模具，可直接用手整形。整形时动作要快，否则面团会变软、发黏，影响成品的酥脆感。在制作过程中如果面团变软，可以放入冰箱冷藏一下。饼干坯可以做成任意大小、任意形状，不过厚度不要超过1厘米。

1 按照杏仁酥饼（第32页）的做法第1～3步混合面团，稍稍压扁后包上保鲜膜（a），放入冰箱冷藏30分钟。

2 取出面团，放在与烤盘大小相当的油纸上，用手整形成厚约1厘米的面片（b），将边缘捏成花边状（c），再用手逐一按压定形（d）。用刀或其他工具轻轻切分好（e），借助叉子在每块饼干坯上扎些小孔（f）。

3 将饼干坯连同油纸一起移入烤盘中，放入预热至170℃的烤箱烘烤10分钟。取出后沿着之前的切痕将酥饼彻底切开，将烤箱温度调至150℃，再烤25分钟。

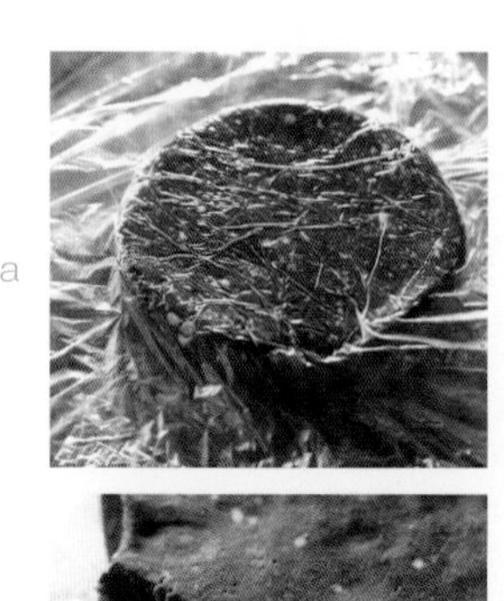
a

b

c

d

e

f

※照片中是用2块直径约15厘米的饼干坯做的酥饼。

Q 面片的边缘很难整形，怎么办？

借助叉子在面片边缘压出波浪状痕迹，即可轻松做出可爱的花边。

Cake

蛋糕

这里有刚烤好时趁热吃最美味的蛋糕、放凉后口感更松软的蛋糕，
以及冷藏几天后才会呈现绝佳风味的蛋糕……

在烤蛋糕的过程中可以充分感受烘焙的乐趣，
也会用到各种技巧。

刚烤好的热腾腾的蛋糕最适合与家人分享，
耐储存的蛋糕可以作为礼物送给朋友，
可爱的迷你蛋糕带到公司当作下午茶点心再好不过。

果酱麦芬

10 分钟

25 分钟

这款果酱麦芬松软无比，
让人难以相信其中并没有加入黄油和鸡蛋。
请搭配美味的果酱享用。

把尚有余热的麦芬掰成两半，会看到还在冒热气的果酱缓缓流出。没有亲自做过甜点的人，无法真正了解其中的美妙。注意，食谱中标示的果酱用量刚刚好，如果增加用量，果酱很容易从蛋糕侧面溢出来，不过也很美味。建议选用水果风味浓郁的低糖果酱。最近，市面上出现了一些无糖果酱，不妨尝试一下。

果酱中的水分会慢慢渗入麦芬中，使蛋糕变软，影响口感。如果烤好的麦芬不打算立刻享用，建议在果酱中加少许寒天粉，这样，麦芬冷却后果酱会随之凝固，水分不会渗入蛋糕体，第二天享用也很美味。做好的蛋糕糊盛入模具后如果不立刻放入烤箱烘烤，膨胀性会受到影响，因此，拌好的蛋糕糊要快速入模烘烤，这是成功的关键。

趁热享用！

Q 有什么秘诀可以防止麦芬中的果酱流出来吗？

将果酱盛在蛋糕糊正中央，最好选用含水量低的果酱。

◎ 果酱麦芬的做法

原料（6个）

Ⓐ 低筋面粉…100克
杏仁粉…25克
泡打粉…1小勺
小苏打…1/2小勺

Ⓓ 豆浆　100克
柠檬汁…20克
菜籽油…40克
甜菜糖（或枫糖）…40克
盐…1小撮

Ⓒ 喜欢的果酱…40克

在模具内壁和表面抹一层菜籽油防粘，可以让烤好的麦芬顺利脱模。

※麦芬在烘烤中会膨胀、溢出模具。

1 混合粉类原料

将Ⓐ倒入搅拌碗中，用打蛋器混合均匀，注意不要留有结块。

2 混合液体原料

另取一只搅拌碗，倒入豆浆和柠檬汁，用打蛋器搅拌至浓稠状态。倒入菜籽油搅拌至充分乳化。加入甜菜糖和盐，继续搅拌至甜菜糖溶化。

{ POINT }

加入柠檬汁，搅拌至浓稠状态

倒入菜籽油，继续搅拌至充分乳化

3 混合两类原料

把1倒入2中，快速画圈搅拌成柔滑有光泽的糊状（如果动作太慢，蛋糕糊难以混合均匀）。

4 入模

将麦芬纸杯放入模具中，用勺子盛入蛋糕糊，五分满即可，然后在中央盛1勺果酱，再盛适量蛋糕糊盖住果酱（不要让果酱接触纸杯底部和内壁）。

5 烘烤

将模具放入预热至180℃的烤箱烘烤10分钟，然后将温度调至170℃，再烤15分钟。

6 脱模

取出模具、趁热在桌面上震几下，脱模（冷却后不易脱模）。冷却至麦芬尚有余热时装入保鲜袋中密封好，可常温保存两天。

简单 Tips

在果酱中加入1/4小勺寒天粉，烤好的麦芬冷却后果酱也会凝固，第二天享用也不会感觉湿软。

◆◆◆

更多口味

· 红茶果酱麦芬
取2袋红茶，将茶叶搓碎后加入原料Ⓐ中。可选择百搭的橘子果酱。

· 葡萄干麦芬
用40克葡萄干代替果酱，在第3步加入蛋糕糊中拌匀。

◆◆◆

可选用各种款式的麦芬模，用六连模烘烤很方便。小小的麦芬模中盛满蛋糕糊，在烘烤过程中会不断膨胀，变成饱满可爱的蘑菇状。

建议选用无糖有机果酱

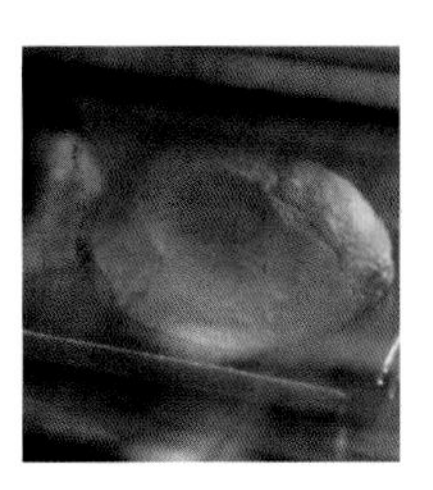

没有加鸡蛋，麦芬也能充分膨胀！

大理石麦芬

10 分钟

25 分钟

首先用朗姆酒混合可可粉与甜菜糖，即使很干、难以搅拌，也不可以加水。甜菜糖会在烘烤过程中融化，另外加水会让蛋糕糊变稀。用极少的朗姆酒代替水，酒精会在烘烤过程中蒸发，留下的水分恰到好处，巧克力蛋糕体也能烤得膨松柔软。

原料（6个）

Ⓐ 低筋面粉…100克
杏仁粉…25克
泡打粉…1小勺
小苏打…1/2小勺

Ⓑ 豆浆…100克
柠檬汁…20克
菜籽油…40克
甜菜糖（或枫糖）…40克
盐…1小撮

Ⓒ 可可粉…10克
甜菜糖（或枫糖）…15克
朗姆酒…10克

1 把Ⓒ倒入小号搅拌碗中，用勺背边按压边搅拌，充分润湿可可粉（a）。

2 按照果酱麦芬的做法（第40页）第1～3步混合原味蛋糕糊。

3 把2大勺原味蛋糕糊加入1中，搅拌成均匀的巧克力蛋糕糊。

4 把麦芬纸杯放入模具中。用勺子将原味蛋糕糊盛入纸杯一侧，另一侧盛入巧克力蛋糕糊、并覆盖住一部分原味蛋糕糊（b），最后再盛入原味蛋糕糊。将竹签插入巧克力蛋糕糊中，画2个圈后抽出，使其混入原味蛋糕糊中（c），形成大理石状花纹（d）（动作要快，否则影响麦芬膨胀）。

5 将模具放入预热至180℃的烤箱烘烤10分钟，然后将温度调至170℃，再烤15分钟。取出模具、趁热在桌面上震几下，脱模。冷却至麦芬尚有余热时装入保鲜袋中密封好，可常温保存两天。

a

b

c

d

拥有美丽大理石花纹的麦芬蛋糕。与刚出炉时相比，稍微晾一下之后更加美味。

更多口味

·橘子大理石麦芬
在原料Ⓑ中加入1小勺橘皮碎，烘烤前在蛋糕糊上放一瓣橘子。

做给孩子吃，可以将朗姆酒换成水吗？

可以，但用朗姆酒做出的麦芬更松软。酒精会在烘烤中蒸发，只有香气保留在麦芬中。

全麦坚果麦芬

10 分钟

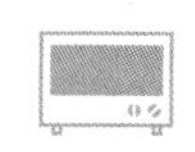
25 分钟

加入自己喜欢的坚果，选取一种或是将几种混合，都非常美味。烤熟的坚果可直接使用，生的、受潮的坚果可以放入预热至160℃的烤箱烤10分钟，马上就会散发出诱人的香味。

我用的是夏威夷果和腰果，加一些葡萄干也很美味。

原料（6个）

Ⓐ 低筋面粉…50克
全麦面粉…50克
杏仁粉…25克
肉桂粉…1小勺
泡打粉…1小勺
小苏打…1/2小勺

Ⓑ 豆浆…110克
柠檬汁…20克
菜籽油…40克
甜菜糖（或枫糖）…40克
盐…1小撮

Ⓒ 喜欢的坚果…40克

蛋糕糊中加入了丰富的全麦面粉与坚果，烤好的麦芬散发着肉桂粉的浓郁辛香，让人回味无穷。

1 按照果酱麦芬的做法（第40页）第1～3步混合蛋糕糊，加入坚果后快速拌匀（留一些坚果用于装饰）。

2 在模具中放入麦芬纸杯，用勺子盛入蛋糕糊，表面撒上装饰用的坚果。

3 把模具放入预热至180℃的烤箱烘烤10分钟，然后将温度调至170℃，再烤15分钟。取出模具，趁热在桌面上震几下，脱模。冷却至麦芬尚有余热时装入保鲜袋中密封好，可常温保存两天。

更多口味

· 无花果+腰果麦芬
将原料Ⓒ换成“20克腰果+40克切碎的无花果干”，做法不变。

· 姜味麦芬
不加肉桂粉和坚果，将110克豆浆换成“100克豆浆+10克生姜汁”，做法不变。

Q 如果没有小苏打，可以多加些泡打粉代替吗？

泡打粉会让麦芬纵向膨胀，小苏打则会让它横向膨胀，两者适量使用才能做出漂亮的麦芬。

香蕉麦芬

10分钟

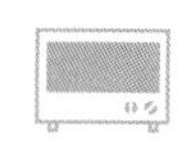
25分钟

> 利用软糯的香蕉做出的美味麦芬蛋糕，
> 湿润松软，口感细腻。
> 加入莓果更添美味。

加入适量香蕉，做好的麦芬湿润松软，当然你也可根据喜好多加一些，做出又软又糯的麦芬。如果没有全麦面粉，可以将低筋面粉的用量增加25克，豆浆的用量减少25克。加入一些蓝莓、树莓等莓果也非常好吃。

原料（6个）

Ⓐ 低筋面粉…100克
全麦面粉…25克
泡打粉…1小勺
小苏打…1/2小勺

Ⓑ 香蕉…70克
柠檬汁…20克
朗姆酒…2小勺

Ⓒ 豆浆…60克
菜籽油…45克
甜菜糖（或枫糖）…40克
盐…1小撮

Ⓓ 香蕉片…6片

1　把Ⓐ倒入搅拌碗中，用打蛋器混合均匀，注意不要留有结块。

2　香蕉切片，放入另一只搅拌碗中，倒入柠檬汁和朗姆酒，用叉子快速压碎（a），再用打蛋器搅拌至黏稠状态。

3　把Ⓒ倒入2中，搅拌至甜菜糖完全溶化后再倒入1中，用打蛋器快速画圈搅拌成柔滑有光泽的蛋糕糊（b）。

4　在模具中放入麦芬纸杯，用勺子盛入蛋糕糊，表面放1片香蕉（c）。将模具放入预热至180℃的烤箱烘烤10分钟，然后将温度调至160℃，再烤15分钟即可取出（d）。趁热将模具在桌面上震几下，脱模。冷却至麦芬尚有余热时，装入保鲜袋中密封好，可常温保存两天。

a

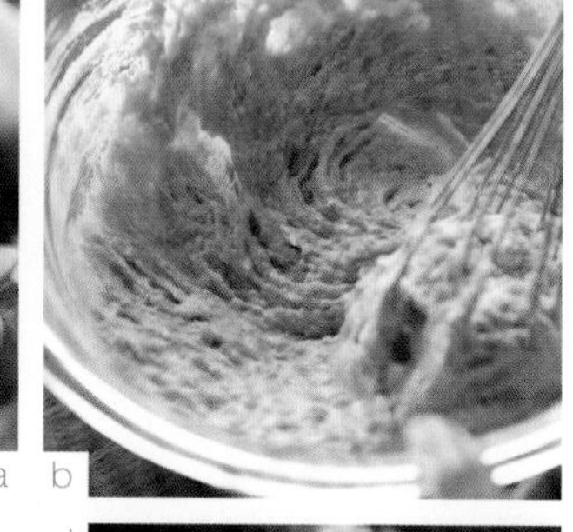
b

c

d

更多口味

· 椰子香蕉麦芬
用椰蓉代替全麦面粉，做法不变。

· 莓果香蕉麦芬
在蛋糕糊中加入 40 克蓝莓或树莓，做法不变。抹上豆浆奶油乳酪（第 109 页）也非常美味。

· 大理石香蕉麦芬
参考大理石麦芬（第 42 页）的做法，将部分蛋糕糊换成巧克力蛋糕糊，做出大理石花纹，再放上香蕉片作装饰，烘烤时间、方法不变。

· 柠檬香蕉麦芬
在香蕉麦芬表面淋一层柠檬凝乳（第 78 页）。

柠檬玛德琳 & 巧克力玛德琳

10 分钟  20 分钟

做不含鸡蛋的玛德琳蛋糕时，如果增加水的用量，蛋糕体会变得湿黏，而不增加水量又会让蛋糕表面变得干硬。试试这个秘法吧，先将玛德琳烤得像饼干一样酥脆，然后趁热刷上大量冷糖浆，冷却后里里外外都会变得湿润松软。制作时，烤好的玛德琳与糖浆的温差越大效果越好，因此要把糖浆放入冰箱冷藏一下，玛德琳一出炉就快速刷上糖浆。另外，用高温短时间烘烤，玛德琳更容易形成可爱的圆鼓鼓的“小肚子”。

漂亮又湿润的玛德琳，圆润饱满，
还有一个可爱的“小肚子”。
用独家秘法打造甜点界的明星。

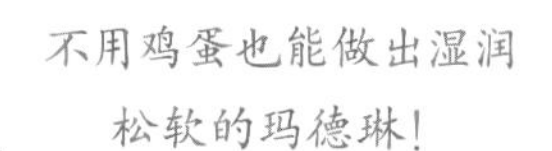

Q 为什么糖浆无法完全渗入玛德琳中？

一定要在玛德琳刚出炉时刷上冷糖浆，否则糖浆就无法充分渗入蛋糕中，只会让蛋糕表面变得湿淋淋的。

◎ 柠檬玛德琳

原料（8个）

Ⓐ 低筋面粉…60克
杏仁粉…15克
泡打粉…3/4小勺

Ⓑ 豆浆…60克
菜籽油…25克
甜菜糖（或枫糖）…25克
盐…1小撮
柠檬皮（擦碎）…少许
柠檬汁…5克

Ⓒ 糖浆
蜂蜜（或龙舌兰糖浆）…15克
水…10克
柠檬汁…5克

＊若没有柠檬皮，可用1/2小勺柠檬香精代替。

a

b

c

d

1 把Ⓐ倒入搅拌碗中，用打蛋器混合均匀，注意不要留有结块。

2 另取一只搅拌碗，倒入豆浆和柠檬汁，用打蛋器混合至浓稠状态后，倒入菜籽油搅拌至充分乳化（a）。加入甜菜糖、盐和柠檬皮，搅拌至甜菜糖溶化。把1倒入其中，用打蛋器画圈搅拌成柔滑的蛋糕糊（b）。

3 用勺子将蛋糕糊盛入模具中，八分满即可（c），抹平表面，放入预热至180℃的烤箱烘烤20分钟。混合Ⓒ，做成黏稠的糖浆，放入冰箱冷藏。

4 烤好之后脱模，将玛德琳扣在冷却架上，趁热刷上冷藏过的糖浆（d）（冷却架下可放一只铺了油纸的烤盘，方便清理滴落的糖浆）。

◎ 巧克力玛德琳

原料（8个）

Ⓐ 低筋面粉…50克
杏仁粉…15克
可可粉…10克
泡打粉…3/4小勺

Ⓑ 豆浆…60克
菜籽油…25克
甜菜糖（或枫糖浆）…25克
盐…1小撮
柠檬汁…5克

Ⓒ 糖浆
蜂蜜（或龙舌兰糖浆）…20克
朗姆酒（或水）…10克

简单Tips

除了玛德琳专用模具，也可用蛋糕纸杯制作。

做法

与柠檬玛德琳（第50页）做法相同。

＊做法参考柠檬玛德琳，加入可可粉。做巧克力甜点时，通常要增加糖的用量平衡口味，但玛德琳很容易烤焦，因此可以调整糖浆中的蜂蜜用量，提升甜度，蛋糕本身的含糖量不变。

烤出可爱的"小肚子"
就成功了！

金砖费南雪

10分钟

20分钟

食谱中的甜菜糖不易溶化，但也不能用枫糖浆等液体甜味调味料代替。甜菜糖能让绢豆腐和菜籽油充分乳化，形成黄油般的浓郁风味。如果绢豆腐和菜籽油出现油水分离，加入粉类原料后会变得又油又干，蛋糕糊很难做好，所以请努力搅拌至充分乳化。做费南雪蛋糕糊时，可以大胆地画圈搅拌。

原料（6个）

Ⓐ 低筋面粉…30克
杏仁粉…30克
泡打粉…2克

Ⓑ 绢豆腐*…40克
菜籽油…25克
甜菜糖（或枫糖）…30克
盐…1小撮
香草精（或朗姆酒）…1小勺

Ⓒ 杏仁片…适量

*绢豆腐质地细腻，可用南豆腐或内酯豆腐代替。

1 把Ⓐ倒入搅拌碗中，用打蛋器混合均匀，注意不要留有结块。

2 将绢豆腐放入另一个搅拌碗中，按照无花果布朗尼的做法（第60页）第2步，让绢豆腐和菜籽油充分乳化（a）。加入甜菜糖、盐、香草精，尽量搅拌至甜菜糖溶化（b）。

3 把1加入2中，用打蛋器画圈搅拌成柔滑的蛋糕糊，盖上保鲜膜，放入冰箱冷藏至少15分钟。

4 用勺子将蛋糕糊盛入模具中，八分满即可，表面撒上杏仁片（c）。放入预热至170℃的烤箱烘烤10分钟，然后将温度调至160℃，再烤10分钟（如果用的是蛋糕纸杯，则需先以170℃烤10分钟，然后将温度调至160℃，再烤15分钟）。取出模具，趁热脱模。待费南雪冷却至尚有余热时装入保鲜袋中密封好（d），可常温保存3天。

a

b

c

d

真的没有用黄油和鸡蛋吗？
让人不禁有些疑惑的金砖费南雪。

更多口味

·水果干费南雪

将绢豆腐的用量增加 10 克，做好蛋糕糊后盛入 6 个蛋糕纸杯中（e），点缀上切碎的无花果干等柔软的水果干，放入冰箱冷藏 30 分钟，待水果干吸收水分变软后再烘烤。

·抹茶费南雪

在原料Ⓐ中加入 1/2 小勺抹茶粉和 5 克甜菜糖，做法不变。

e

树莓费南雪

20 分钟

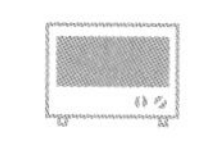
25 分钟

香浓的费南雪，表面点缀上树莓、淋上湿润的果酱，光泽诱人。

虽然简单，却会在上桌的瞬间让大家发出“哇～”的惊叹。选用冷冻的树莓也可以，只要迅速淋上热果酱，冷冻树莓就不会出太多水。

风味浓郁的费南雪配上
酸酸甜甜的树莓，
一款可爱又美味的甜点。

原料（6个）

Ⓐ 费南雪蛋糕糊（第52页）…同食谱用量
杏仁片…适量
树莓（冷冻的也可以）…30～36颗

Ⓑ 果冻果酱（用来增加光泽）
草莓酱（过筛备用）…50克
树莓（冷冻的也可以） 约5颗
寒天粉…1/8小勺

1 按照金砖费南雪（第52页）的做法第1～3步混合蛋糕糊，用勺子盛入纸杯中，撒上杏仁片，用手指轻轻按平表面（方便点缀树莓）。将纸杯放入预热至170℃的烤箱烘烤10分钟，然后将温度调至160℃，再烤15分钟，取出后放在冷却架上冷却。

2 过滤草莓酱，放入5颗树莓，压碎（可以使果酱的颜色更鲜艳）。倒入小锅中，加入寒天粉，小火煮至冒小气泡后关火。

3 用勺子将2轻轻抹在冷却的费南雪表面（a），每个费南雪上点缀5～6颗树莓，再淋适量2（b），让每一颗树莓都覆盖上果酱。动作要快，以免树莓中的水分流出（如果选用冷冻的树莓，要在解冻软化前完成）。

a

b

简单 Tips

按照金砖费南雪（第 52 页）的做法第 1～3 步准备好蛋糕糊，用勺子盛入纸杯中，装饰上 3 颗树莓。放入预热至 170℃的烤箱烘烤 10 分钟，然后将温度调至 160℃，再烤 20 分钟。刚出炉的费南雪又香又脆，树莓化成果酱，非常可口。

全麦松饼

5 分钟

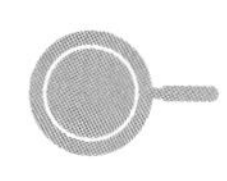

1 分钟

这道松饼中含有 50% 的全麦面粉，口感依然松软，冷却后也不会变硬。

想让松饼松软可口，要注意 3 点：1. 将面糊静置一段时间，充分吸收水分。2. 用中火煎制。3. 出现少量气泡时翻面。

小火慢煎做出的成品薄而偏硬，面糊中不含甜味调味料，不容易煎煳，因此可用中火煎制。如果面糊出现许多气泡，说明泡打粉的化学反应已经结束，这时再翻面就太晚了，松饼完全无法膨胀，成品又干又硬。

原料（6 ~ 8 个直径约 12 厘米的松饼）

Ⓐ 低筋面粉…100 克
全麦面粉…100 克
泡打粉…2 小勺
盐…1/4 小勺

Ⓑ 豆浆…300 ~ 350 克
菜籽油…20 克

1. 把Ⓐ倒入搅拌碗中，用打蛋器搅拌至松散均匀。
2. 在粉类原料中央挖一个小坑，倒入Ⓑ，用打蛋器从中心向外画圈搅拌（a），混合成柔滑有光泽的面糊。
3. 用保鲜膜盖住搅拌碗（b），放入冰箱冷藏约 20 分钟。
4. 加热平底锅，薄薄地刷一层菜籽油防粘（另备）。取出面糊，盛适量倒入锅中，用锅铲摊成直径约 12 厘米的圆形，中火煎至出现少量小气泡时（c）快速翻面，煎至松饼金黄松软即可。请务必在出现小气泡时翻面。（d）是错误示范。

a

b

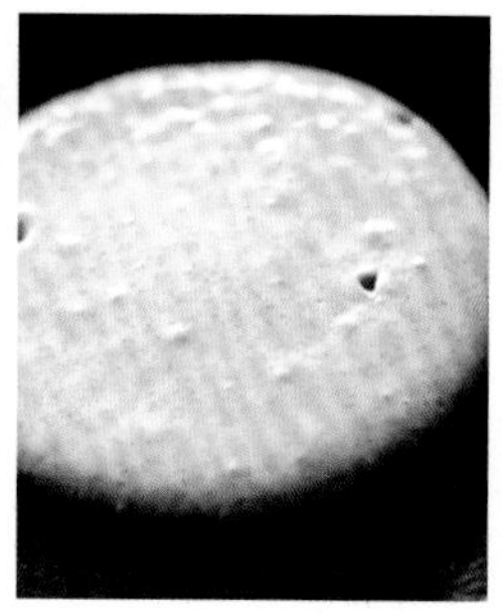

c

d

美味 Plus+

· 可以搭配枫糖浆或豆浆奶油乳酪（第 109 页）、果酱等享用。

· 这款松饼甜度不高，也适合当作主食。用橄榄油和盐调味后趁热享用。

◆ ◆ ◆

更多口味

· 芝麻松饼

在原料Ⓐ中加入 2 大勺炒熟的黑芝麻，做法不变。

面糊如果有剩余，可以第二天再做吗？

第二天再做会影响成品的松软度。可在面糊中加入少量豆浆，混合均匀后做成可丽饼。

无花果布朗尼

20 分钟
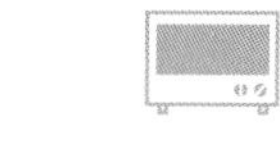
35 分钟

蛋糕糊做好后须静置30分钟，这样可以让无花果干吸收水分、果肉变软，同时吸收朗姆酒的香气。蛋糕糊水分减少后，成品风味更浓厚，同时也融入了无花果的醇香。另外，一定要让菜籽油和绢豆腐充分乳化，这样蛋糕在烘烤中就不会变得干硬或者太过油腻，不用黄油也能做出湿润美味的口感。

加入无花果干，美味又华丽。
尽量减少泡打粉用量，烤出香浓的风味。

加入无花果干可以丰富口感，
一款适合成人口味的布朗尼。

Q 可以用磅蛋糕模制作吗？

这款布朗尼内部不易烤熟，最好选用浅一些的模具。如果用的是大号磅蛋糕模，可以把蛋糕糊铺成浅浅的一层烘烤。

◎ 无花果布朗尼的做法

原料（适用边长 18 厘米的正方形模）

Ⓐ 低筋面粉…90克
可可粉…30克
杏仁粉…30克
泡打粉…1小勺

Ⓓ 绢豆腐　100克
菜籽油…60克

Ⓒ 朗姆酒…15克
甜菜糖（或枫糖）…70克
蜂蜜（或龙舌兰糖浆）…2大勺
盐…1小撮

Ⓓ 无花果干（切成4块）…150克

烤盘也可以当作模具！

1 混合粉类原料

把Ⓐ倒入搅拌碗中，用打蛋器混合均匀，注意不要留有结块。

2 混合绢豆腐与油

将绢豆腐放入另一只搅拌碗中，用打蛋器压碎、搅打成泥。分次倒入少量菜籽油，每次都要搅拌至充分乳化后再倒入适量。加入Ⓒ，搅拌至甜菜糖溶化。

{ POINT }

捣碎绢豆腐

▶

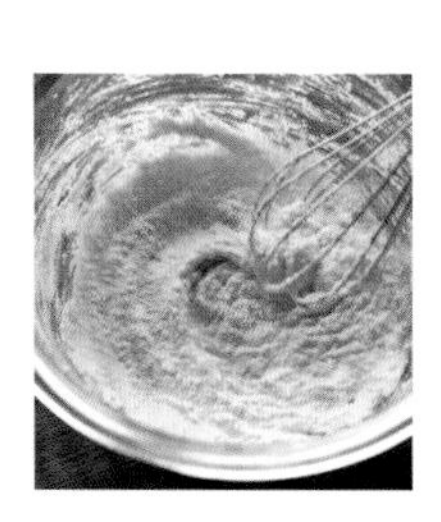

搅打成泥状

▶

每次倒入少量菜籽油，搅拌至充分乳化

3 混合所有原料

把2倒入1中，用打蛋器搅拌均匀。加入Ⓓ，用橡胶刮刀快速混合。

4 松弛

用保鲜膜盖住蛋糕糊，放入冰箱冷藏30分钟，取出后用刮刀盛入铺了油纸的模具中，轻轻抹平表面。

5 烘烤

把模具放入预热至170℃的烤箱烘烤10分钟，然后将温度调至160℃，再烤25分钟。用竹签插入蛋糕中，拔出后无蛋糕糊粘黏即可。

6 脱模

取出模具，趁热脱模。待布朗尼冷却至尚有余热时装入保鲜袋中密封好，可常温保存3天。切成块享用。

更多口味

·杏仁无花果布朗尼

在第4步蛋糕糊冷藏过后，拌入50克杏仁，做法不变。

·巧克力奶油布朗尼

用100克核桃碎代替150克无花果干，在第3步加入，蛋糕糊无须冷藏，可以直接烘烤。烤好的布朗尼晾至不烫手后，在表面抹一层巧克力卡仕达奶油（第93页），放入冰箱冷藏使其渗入蛋糕体。风味非常浓郁，可切块享用。

将蛋糕糊盛入铺有油纸的模具中

用橡胶刮刀抹平表面

白兰地巧克力蛋糕

15 分钟

35 分钟

口感湿润浓厚，成年人喜欢的成熟味道。
冷藏两晚后享用，风味最佳。
切片后慢慢享用，每天都幸福感满满。

刚出炉的蛋糕趁热淋上冰冰凉凉的白兰地糖浆，密封包好后冷藏至少两天，开封后糖浆已完全渗入蛋糕中，湿润浓厚的甜美滋味让人惊喜，请切片后慢慢享用。这款蛋糕可以保存好几天，最适合装在漂亮的容器中当作礼物送人。不过，要注意浓郁的酒香是否合对方的口味。

a

原料（适用直径 20 厘米的磅蛋糕模 / 直径 18 厘米的圆形蛋糕模）

Ⓐ 低筋面粉…75克
可可粉…30克
杏仁粉…45克
泡打粉…2小勺

Ⓑ 绢豆腐…150克
菜籽油…30克

Ⓒ 柠檬汁…15克
甜菜糖（或枫糖）…80克
盐…1小撮

Ⓓ 糖浆
白兰地…35克
枫糖浆…35克

1 把Ⓐ倒入搅拌碗中，用打蛋器混合均匀，注意不要留有结块。

2 按照无花果布朗尼的做法（第60页）第2步，让菜籽油和绢豆腐充分乳化。加入Ⓒ，搅拌至甜菜糖完全溶化。

3 把1倒入2中，先用打蛋器画圈搅拌4～5次，使面粉散布均匀，然后用橡胶刮刀快速混合成蛋糕糊，倒入铺有油纸的模具中。将模具放入预热至170℃的烤箱烘烤35分钟。将竹签插入蛋糕中，拔出后无粘黏物即可。

4 混合Ⓓ，蛋糕出炉后趁热淋上（a）。待蛋糕晾至不烫手后直接用油纸包好，装入保鲜袋中密封保存。冬天常温保存即可，夏天须放入冰箱冷藏，可保存7天。

＊用长条形磅蛋糕模制作时，烘烤10分钟后取出，用小刀或其他工具在蛋糕表面划一刀，再放回烤箱烤25分钟，即可形成照片中的漂亮割口。

※原料用量相当于食谱的1.5倍。用了2个长25厘米、宽4厘米的长条形磅蛋糕模烘烤。

Q 我不太喜欢酒，但很想试试看，该怎么做？

可以减少糖浆中白兰地的用量，用等量的水代替。

香蕉蛋糕

20 分钟

45 分钟

将八分熟的香蕉捣碎、搅拌至黏稠状态，可代替蛋液。蛋糕糊中拌入了大量空气，在烘烤过程中会使蛋糕膨胀、变得松软。淋在香蕉上的果汁不仅能防止香蕉氧化变色，其中所含的果酸还会与泡打粉发生反应，释放气体使蛋糕膨松柔软。橘子汁能让蛋糕呈现漂亮的颜色，而且不会留下果汁的味道。在烤得表皮酥脆的蛋糕上淋上镜面果胶可以增加光泽感，同时也让蛋糕里外都变得湿润松软，有效防止蛋糕变干，延长保存期。选用环形模具或咕咕霍夫（Gugelhupf）蛋糕模等中空的模具，做出的蛋糕口感更松软；用磅蛋糕模则可以做出磅蛋糕般的浓郁风味。这款蛋糕风味持久，易于保存，是伴手礼的好选择。

在烘焙教室大受欢迎的美味蛋糕。
选用尚未完全成熟的香蕉是成功的秘诀。

刚出炉的蛋糕表皮酥脆，
淋上镜面果胶后会变得
湿润松软。

Q 如何避免绢豆腐与菜籽油出现油水分离?

将菜籽油分次加入到绢豆腐中，每次用打蛋器搅拌至充分乳化后再继续加入，可避免这种情况。

◎ 香蕉蛋糕的做法

原料（适用直径18厘米的环形蛋糕模）

Ⓐ 低筋面粉…150克
泡打粉…2小勺

Ⓑ 绢豆腐…40克
菜籽油…65克
甜菜糖（或枫糖） 60克
（可根据香蕉的甜度调整用量）
盐…1小撮

Ⓒ 香蕉（八分熟）…120克
橘子汁（或是苹果汁）…50克

Ⓓ 核桃碎、杏仁等坚果…30克

Ⓔ 镜面果胶
寒天粉…1/2小勺
杏果酱…30克
枫糖浆…30克
橘子汁（或苹果汁）…20克

1 粉类原料过筛

将面粉筛放在搅拌碗上方，倒入Ⓐ后用打蛋器轻轻画圈，将面粉均匀筛入碗中，最后轻拍面粉筛，抖落浮粉。注意，筛好的面粉中不要留有结块，以便后续混合。

2 混合绢豆腐与油

按照无花果布朗尼的做法（第60页）第2步，让绢豆腐和菜籽油充分乳化。加入甜菜糖与盐，搅拌至甜菜糖完全溶化。

可以选用各种造型的模具。

{ POINT }

将捣碎的香蕉搅拌至黏稠状态

加入面粉后，将打蛋器插入混合原料中搅拌。提起打蛋器，用手柄轻轻敲击搅拌碗边缘，使蛋糕糊掉落

3 捣碎香蕉

香蕉去皮、切片，放入小号搅拌碗中，倒入橘子汁。用叉子快速压碎，再用打蛋器搅拌至黏稠状态。

4 混合所有原料

把2倒入3中，用打蛋器混合均匀。倒入全部面粉，用打蛋器画圈搅拌4～5次，使面粉散布均匀，然后用橡胶刮刀从搅拌碗底部翻拌，直至看不到干粉。加入Ⓓ，简单混合。

5 烘烤

将蛋糕糊倒入模具中，轻轻晃动模具，使蛋糕糊表面平整，中间低、四周略高（烘烤时中心部分膨胀度最强，这样可使成品更美观）。放入预热至170℃的烤箱烘烤45分钟。取出模具，趁热脱模，扣在冷却架上冷却。

6 刷镜面果胶

把Ⓔ倒入小锅中，边煮边用勺子将果酱中的块状果肉压碎、混合均匀。小火煮至出现大量细小气泡、质地变浓稠时关火，快速将镜面果胶刷在蛋糕各面上。无须切分，直接用保鲜膜把蛋糕包好，可常温保存5天左右。

更多口味

· 柠檬香蕉蛋糕（第68页）
将镜面果胶换成柠檬凝乳（第78页），立刻变身柠檬香蕉蛋糕。将刚煮好的柠檬凝乳趁热淋在完全冷却的香蕉蛋糕上（请参考第2～3页的照片），外形更加漂亮。

◆◆◆

· 香蕉干果蛋糕（第69页）
用"60克朗姆酒渍葡萄干＋50克核桃碎＋1小勺肉桂粉"代替原料Ⓓ中的30克坚果。如果不喜欢酒，可将喜欢的水果干浸泡在热红茶中（建议选用伯爵红茶），静置一晚后沥干。改用2个直径15厘米的小号圆形磅蛋糕模，更容易操作。

用打蛋器画圈搅拌，使面粉分散均匀

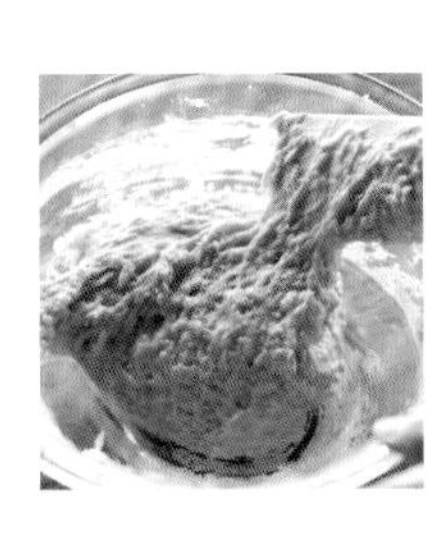

用橡胶刮刀从搅拌碗底部翻起蛋糕糊，以裹入空气

出现大量细小气泡、质地变浓稠即可关火

柠檬香蕉蛋糕

（做法请参考第 67 页）

Q 总是无法将柠檬凝乳漂亮地涂在蛋糕上，该怎么办？

与其一点点地抹，不如一气呵成将柠檬凝乳淋在蛋糕上。要等蛋糕完全冷却后，再淋热柠檬凝乳（请参考第 2 ~ 3 页下方的照片）。

Q 能用大号磅蛋糕模吗?

用大号磅蛋糕模烘烤，蛋糕会变得过于密实。如果想用大号模具，建议使用环形等中空的模具。

Tarte

挞

烤好挞皮，准备好奶油、水果等配料，
就能搭配出各种各样的挞。
每种食材都能单独享用，
也可以放在桌子上让大家自由搭配组合。
色彩缤纷的食材一一准备好，
瞬间就能组合出华丽的水果挞，
让人不禁发出惊喜的欢呼。

基础款

酥脆挞皮

10 分钟

25 分钟

只要10分钟就能做好挞皮面团，非常简单。将菜籽油与花生酱混合均匀，加入粉类原料，用打蛋器搅拌成松散状态，即使不加黄油也能烤出酥脆的口感。无须饧面，也不用加重石①，烤好的挞皮完全不会回缩。密封保存，随时都能取用、做成美味的挞。

不用饧面直接烘烤，
轻松做出酥脆的挞皮。

烤好挞皮，就能做出
各种各样的挞！

①合金制成的小颗粒，烘烤派、挞时用来压住派皮或挞皮，防止其在烘烤过程中过度膨胀、回缩。可用生米或豆子代替。

Q 为什么手温较高的人要用打蛋器？

温度上升，面团容易形成面筋，挞皮会因此失去酥脆感。

◎ 酥脆挞皮的做法

原料（适用直径 18 厘米的挞模）

Ⓐ 低筋面粉…60克
全麦面粉…60克
甜菜糖（或枫糖）…20克
盐…2小撮

Ⓑ 菜籽油…40克
花生酱（或白芝麻糊）…10克
豆浆…15～20克

用小号挞模可做10～12个。

1 混合粉类原料

将Ⓐ倒入搅拌碗中，用打蛋器混合均匀，注意不要留有结块。

2 混合油脂类原料

把Ⓑ中的菜籽油与花生酱搅拌均匀（用来代替黄油）。

{ POINT }

手温较高的人可以用打蛋器混合原料（手温较低的人可直接用手）

用模具比对面片大小是否合适

▶

揭去上层保鲜膜，托起面片，扣在模具中

▶

3 混合两类原料

把2倒入1中，用打蛋器混合成如图所示的松散颗粒状，且看不到干粉（如果面团颗粒黏在一起，左右用力晃动搅拌碗摇散即可）。

4 加入豆浆

倒入豆浆，用刮刀整理成团。

5 入模

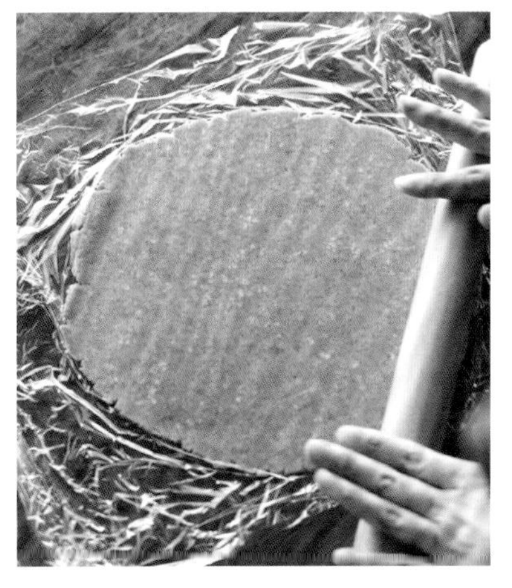

用两张保鲜膜上下包住面团，稍稍压扁后用擀面棒擀成厚约4毫米的面片，铺入模具中（模具内预先抹一层菜籽油，烤好后更容易脱模）。用擀面棒滚压模具边缘，裁去多余挞皮。

6 烘烤

用叉子在挞皮底部扎些小孔，放入预热至180℃的烤箱烘烤10分钟，然后将温度调至160℃，再烤15分钟，烤至挞皮酥脆。出炉后晾至不烫手再脱模（如果刚出炉时就脱模，挞皮容易碎裂）。

简单 Tips

如果选用小号挞模，可将挞模扣在擀好的面片上切出挞皮（a）。将挞皮铺入模具中，用手指仔细整形（b）。捏齐边缘处，做出漂亮的花边（c）。用叉子在挞皮底部扎些小孔（d），按照第6步烘烤。

a

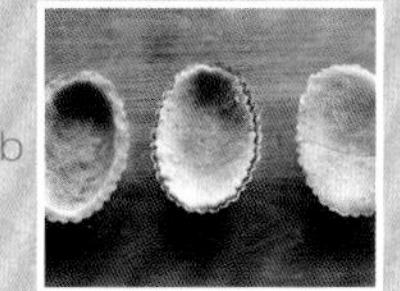

b

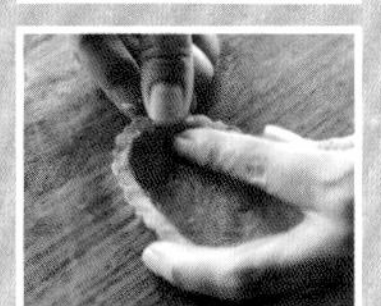

c

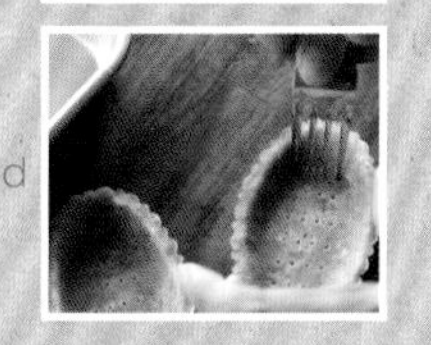

d

◆◆◆

更多口味

·果酱挞（第77页）
用小号挞模烤好挞皮，盛入果冻果酱（第76页）。

·柠檬挞（第79页）
在烤好的挞皮中盛入柠檬凝乳（第78页）即可。

仔细铺好，不要留有间隙

▶

用擀面棒滚压模具边缘，裁去多余挞皮

▶

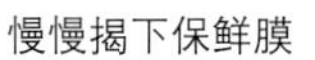

慢慢揭下保鲜膜

果冻果酱

在市售的果酱中加入寒天粉煮沸，就能用来做果酱夹心饼干（第21页）、果酱挞（第77页）等各式甜点。将果酱倒入便当盒或其他容器中，凝固后用刀切成小块，就是令人愉悦的下午茶茶点果冻。请选用水果风味浓郁的果酱。

原料（便于制作的用量）

喜欢的果酱（无糖）…100克
寒天粉…1/4小勺

做法

1 把果酱与寒天粉倒入锅中，搅拌均匀，一边用小火加热一边搅拌，煮至不断冒小气泡（a）后关火。

2 冷却至尚有余热时（彻底冷却后会变硬）填入挞皮中（b）或者夹在饼干中。若想当作茶点享用，可以盛入容器中冷藏至凝固。可冷藏保存4～5天。

a

b

*若想再次软化果冻果酱，倒入锅中用最小火加热即可。

果酱挞

（做法请参考第 75 页）

Q 填入果酱后，挞皮为什么变得湿答答的？

如果果酱太热，就需要较长时间凝固，其中的水分会掺入挞皮，使挞皮变得湿软。因此一定要等果酱冷却至尚有余热时再填入挞皮中。

让人惊艳的

甜点配料

柠檬凝乳

不加鸡蛋与黄油的纯植物柠檬凝乳。

加入姜黄粉后成品呈淡黄色，不加也依旧美味。用量过多反而会破坏整体味道，因此加入一点点即可。用有机起酥油做出的成品冷藏后会凝固，有一种特殊的口感。如果没有有机起酥油，可以用菜籽油代替，也很美味。

原料（便于制作的用量）

Ⓐ 豆浆…100克
葛根粉…5克
盐…1小撮
姜黄粉…微量

Ⓑ 蜂蜜（或龙舌兰糖浆）…60克
柠檬汁…20克（约需1/2个柠檬）

Ⓒ 有机起酥油…50克
（或30克菜籽油）
柠檬皮碎…需要1/2个柠檬，取皮
（或1小勺柠檬香精）

*用菜籽油制作时，原料Ⓐ中须加入1/4小勺（0.5克）寒天粉。

做法

1 把Ⓐ倒入小锅中搅拌均匀，中火加热。

2 煮沸后（a）转小火煮3分钟，用木铲不断搅拌（使水分充分蒸发，稍后加入蜂蜜可保持浓稠状态）。

3 倒入Ⓑ，搅拌均匀，小火煮沸后关火。

4 加入Ⓒ，用打蛋器搅拌至充分乳化（b）。冷却至尚有余热时盛入挞皮中（c）或者淋在蛋糕上。须冷藏保存。

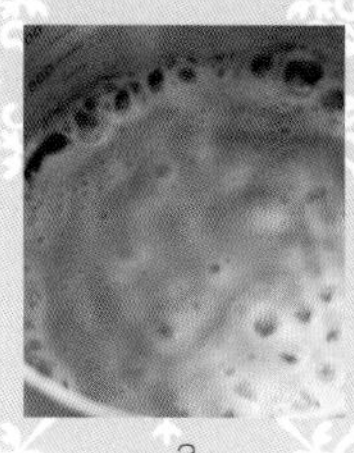

a

b

c

柠檬挞

（做法请参考第 75 页）

Q 为什么用菜籽油做出的柠檬凝乳质地很稀？

用菜籽油做柠檬凝乳，冷却后也不会凝固，所以需要加入适量寒天粉。

基础款

杏仁奶油挞

20 分钟

30 分钟

在杏仁奶油中加入柠檬汁与少量泡打粉，做出的馅料口感松软。将杏仁奶油馅盛入小挞皮中，经过烘烤馅料稍稍突起，像花朵般可爱。第二天享用依然风味不减，很适合当作礼物送人。也可以准备相当于食谱 2 倍量的杏仁奶油，搭配直径 18 厘米的挞皮，华丽变身。

原料（约 6 个小号挞模用量）

Ⓐ 酥脆挞皮面团（第 74 页）
…1/2 的食谱用量

Ⓑ 杏仁奶油（第 93 页）…同食谱用量
柠檬汁…1/2 小勺
泡打粉…2 小撮（可不加）

Ⓒ杏仁片…适量

浓郁的杏仁奶油
与酥脆挞皮的简单组合。

1 将柠檬汁与泡打粉加入杏仁奶油中（a），用打蛋器搅拌均匀。

2 按照酥脆挞皮的做法第 1 ~ 5 步混合面团、擀平后铺入模具中，用叉子在挞皮底部扎些小孔（b），然后盛入 1（c）。

3 表面撒上杏仁片，放入预热至 170℃ 的烤箱烘烤 10 分钟，然后将温度调至 160℃，再烤 20 分钟，烤至金黄色即可。

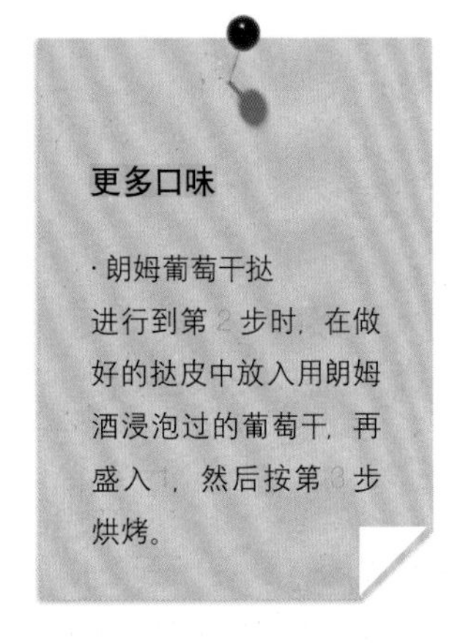

a

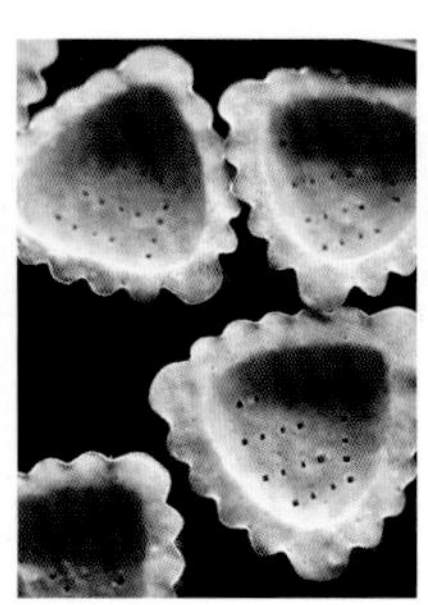
b

c

Q **如果用大号挞模制作，烘烤时间与温度也一样吗？**

请根据挞皮的厚度调整烘烤时间。若用直径 18 厘米的挞模制作，烘烤方法、时间不变。

经典款

水果奶油挞

10 分钟

25 分钟

预先将挞皮准备好，即使临时有客人造访，也没有关系。将挞皮、奶油、水果摆在桌上，让大家自由组合，享受奶油的柔滑与挞皮的酥脆。建议选用质地柔软的水果，树莓、桃子、法国洋梨等都是不错的选择。

原料（10～12个小号挞模用量）

酥脆挞皮（选用小号挞模、第74页）…同食谱用量
卡仕达奶油（第92页）…同食谱用量
喜欢的水果…适量

做法

酥脆挞皮烤好后，冷却至不烫手，盛入卡仕达奶油（a），点缀上喜欢的水果即可（b）。

将卡仕达奶油盛入挞皮中，再点缀上喜欢的水果。

a

b

更多口味

· 热卡仕达挞

把刚煮好的卡仕达奶油盛入酥脆挞皮中，撒上肉桂粉后趁热享用，那种美味让人欲罢不能。

Q 水果奶油挞可以提前一天做好、第二天再享用吗？

在卡仕达奶油的原料Ⓑ中加入 1/3 小勺寒天粉就没问题了。

经典款

香蕉巧克力挞

10 分钟

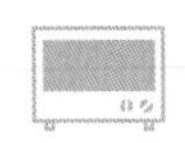

25 分钟

原料（2 个直径 13 厘米的挞模用量）

Ⓐ 酥脆挞皮（第 74 页）
…同食谱用量
香蕉…约 3 根
柠檬汁…适量

Ⓑ 巧克力卡仕达奶油（第 93 页）
…同食谱用量
寒天粉…1/3 小勺

Ⓒ 镜面果胶
寒天粉…1/2 小勺
杏果酱…30 克
枫糖浆…30 克
橘子汁（或苹果汁）…20 克

a

做巧克力卡仕达奶油时加入少许寒天粉，煮好后晾至温热再填入挞皮中，完全凝固后切平表面。另外，用杏果酱做成用来增添光泽的镜面果胶，淋在香蕉上，放置一段时间香蕉也不会氧化变黑。也可以用蓝莓代替香蕉，相应地将杏果酱换成蓝莓果酱、橘子汁换成苹果汁就完美了。

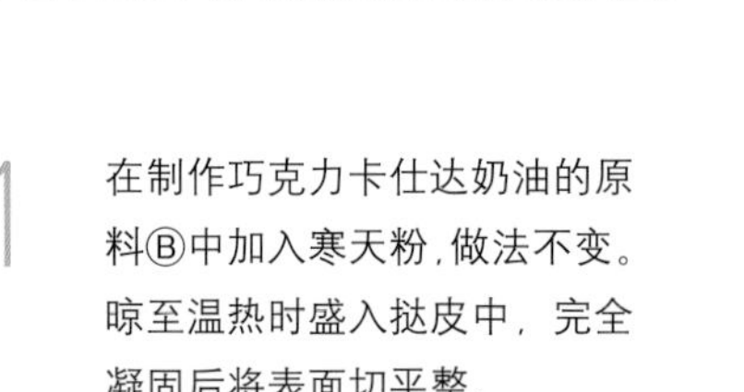

1 在制作巧克力卡仕达奶油的原料Ⓑ中加入寒天粉，做法不变。晾至温热时盛入挞皮中，完全凝固后将表面切平整。

2 香蕉淋上柠檬汁后切片（a），呈螺旋状摆在 1 表面（b）。

b

3 把Ⓒ倒入小锅中，边小火煮边用勺子将果酱中的果肉压碎，并不断搅拌。煮至果酱中出现丰富小气泡、有黏稠感后关火（c），用刷子或勺子淋在香蕉片上（d）。

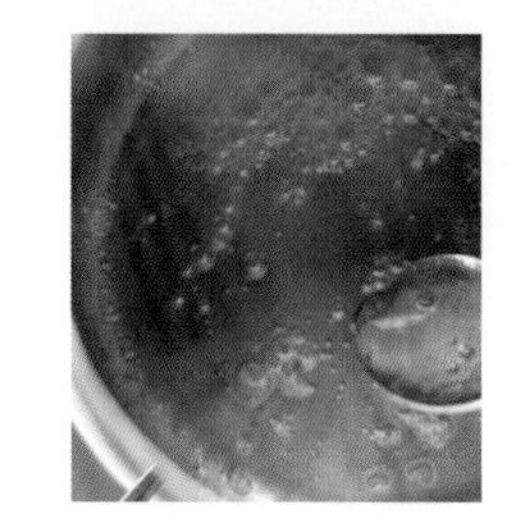

c

＊也可用1个直径18厘米的挞模制作。

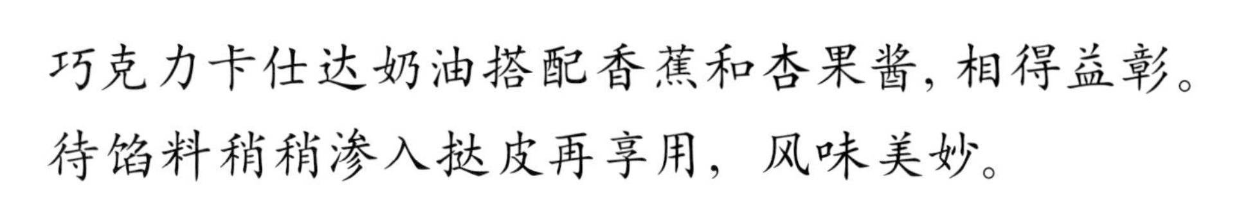

d

更多口味

·柠檬香蕉挞
用柠檬凝乳（第 78 页）代替原料Ⓑ中的巧克力卡仕达奶油盛入挞皮中，做法不变。

Q 为什么烤好的挞皮口感并不酥脆？

如果烘烤时间不足，就无法形成酥脆的口感，请延长烘烤时间。

经典款

苹果挞

10 分钟　　25 分钟

苹果要先煮一下，选用任何品种都可以。如果苹果的酸度不够，可以在煮制时多加一点柠檬汁，不够甜的话则可加入适量甜味调味料。就算是已经放了很长时间、有点变蔫的苹果，只要切好后放入盐水中浸泡5分钟左右，就可以去除涩味，成品和用新鲜苹果做出的一样漂亮。不过，无论选用什么样的苹果，都不要煮太久，这一点请注意。

原料（适用直径18厘米的挞模）

Ⓐ 酥脆挞皮（第74页）…同食谱用量
苹果（小个儿的）…2个（去皮去核后约300克）
柠檬汁…适量

Ⓑ 卡仕达奶油（第92页）…同食谱用量
寒天粉…1/3小勺

Ⓒ 苹果汁…150克
柠檬汁…10克
蜂蜜（或龙舌兰糖浆）…10克
盐…1小撮

Ⓓ 镜面果胶
煮苹果的汤汁…80克
葛根粉…1/2小勺
寒天粉…1/2小勺
柠檬汁…5克
蜂蜜（或龙舌兰糖浆）…15克

1. 先把苹果纵向切成4瓣，再切成5毫米厚的片（a）。把切好的苹果片放入锅中，加入Ⓒ，大火煮沸后转小火，煮3分钟后关火冷却。

2. 在制作卡仕达奶油的原料Ⓑ中加入寒天粉，做法不变，晾至温热后盛入挞皮中。将苹果片捞出沥干，呈螺旋状紧密排列在卡仕达奶油上，中心处可用几片苹果卷成花朵装饰一下（b）。

3. 把Ⓓ倒入锅中搅拌均匀，中火煮沸后（c）转小火，再煮2分钟关火，趁热刷在苹果片上（d）即可。

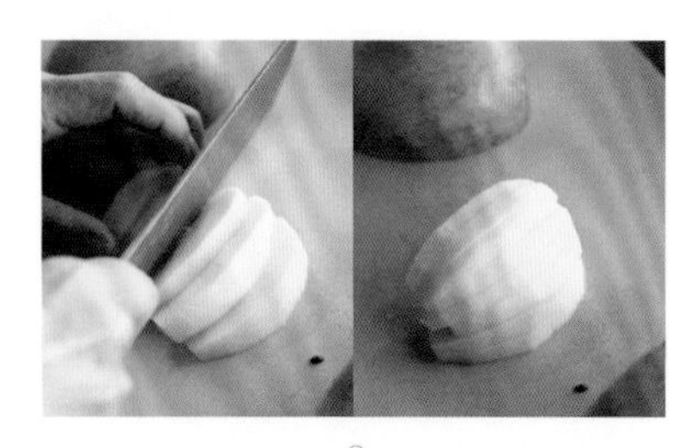

a

b

c

d

Q 除了苹果，还可以用什么水果呢？

用法国洋梨也非常美味。

节日款

莓果挞

10 分钟

30 分钟

挞皮、杏仁奶油、卡仕达奶油、水果，用来增添光泽的果冻果酱……之前介绍过的食材，都可用在这款华丽的莓果挞上。做起来并不复杂，将各种食材组合起来即可。闲暇时准备好奶油、烤好挞皮，很快就能完成。按顺序叠放好各种食材，华丽的莓果挞就做好了，整个过程充满乐趣。

只要比平时多花一点功夫，就能做出漂亮华丽的水果挞。
在生日或纪念日等特殊的日子，一定要试试看哦！

切开后可以看见浓厚的奶油缓缓流下。

Q 没有卡仕达奶油也可以做吗？

当然可以。请多准备一些用来增添光泽的果冻果酱，先在杏仁奶油上刷上薄薄的一层，放上水果后再淋上余下的果冻果酱。

◎ 莓果挞的做法

原料（适用直径18厘米的挞模）

Ⓐ 酥脆挞皮面团（第74页）…同食谱用量
杏仁奶油（第93页）…同食谱用量
卡仕达奶油（第92页）…同食谱用量
喜欢的莓果…约400克

Ⓑ 果冻果酱（用来增添光泽）
草莓酱（过筛后）…100克
树莓（冷冻的也可以）…约10颗
寒天粉…1/4小勺

用各种美味的莓果来制作。

1 制作挞皮

按照酥脆挞皮的做法第1～5步制作面团，铺入模具后（模具内预先抹一层菜籽油，烤好后更容易脱模）用叉子在挞皮底部扎些小孔。

2 加入杏仁奶油

将杏仁奶油（冷却后）盛入挞皮中，抹平。

{ POINT }

铺上喜欢的莓果 ▶

淋上果冻果酱 ▶

3 烘烤

将挞放入预热至170°C的烤箱烘烤10分钟，然后将温度调至160°C，再烤20分钟，烤至金黄色。取出后晾至温热。

4 铺上卡仕达奶油

在挞皮内铺一层卡仕达奶油（冷却后）。

5 制作果冻果酱

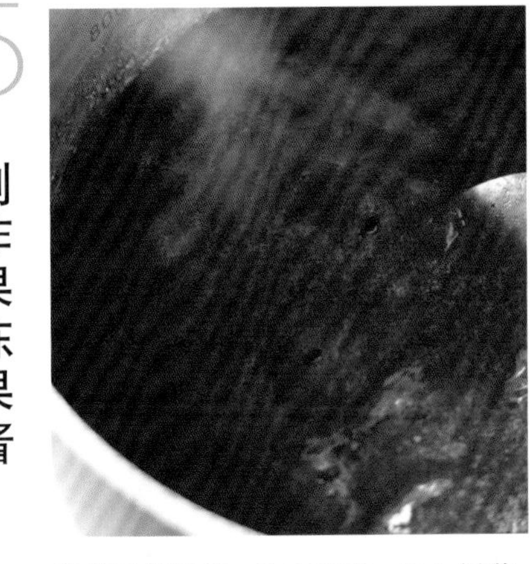

草莓果酱过筛，取100克，加入树莓、压成泥（让果酱颜色更鲜艳）。将果酱倒入小锅中，加入寒天粉，小火煮至锅底出现丰富的小气泡后关火。

6 完成

先在卡仕达奶油上铺一层莓果，用勺子淋上果冻果酱；再铺一层莓果，淋上果冻果酱。注意要让每颗莓果都覆盖上果冻果酱，动作要快，以免莓果出水变软。

简单 Tips

· 可以用小号挞模多做一些，看上去非常可爱。

· 没有准备水果的话，可直接将果冻果酱倒在卡仕达奶油上。

◆◆◆

更多口味

用巧克力卡仕达奶油（第93页）代替原料Ⓐ中的卡仕达奶油，就可以做出莓果巧克力挞了。

再铺一层莓果

▶

淋上果冻果酱

▶

切开后可以看见2层奶油

卡仕达奶油

做卡仕达奶油最大的秘诀，就是一开始混合面粉与菜籽油时要充分拌匀。这样即使面粉没有过筛，面糊中也不会留有结块，不容易粘在锅底，始终柔滑而富有光泽。做大个儿的挞时，可在原料Ⓑ中加入1/3小勺寒天粉，待卡仕达奶油完全凝固后将表面切平整。做小个儿的挞时，无须加入寒天粉，这样口感会更柔滑。

除了抹在麦芬上、用比司吉（第16页）蘸着吃，还可以将卡仕达奶油趁热淋在香蕉上，冷藏一段时间后就成了有点像布丁的卡仕达香蕉。

原料（便于制作的用量）

Ⓐ 低筋面粉…25克
菜籽油…25克

Ⓑ 豆浆…250克
甜菜糖（或枫糖）…45克

Ⓒ 香草精…2小勺
（或1/2根香草荚）

做法

1. 把Ⓐ倒入锅中，用木铲搅拌成柔滑有光泽的面糊。
2. 加入Ⓑ后搅拌均匀，一边中火加热一边搅拌。煮沸后转小火，煮3分钟后关火。加入Ⓒ，拌匀。

＊如果用的是香草荚，要将香草荚剖开取出香草籽，与Ⓑ一起加入。

巧克力卡仕达奶油

加入了可可粉的卡仕达奶油，用花生酱突出了巧克力的浓郁风味。

原料（便于制作的用量）

Ⓐ 低筋面粉…25克
可可粉…12克
菜籽油…25克

Ⓑ 甜菜糖（或枫糖）…55克
豆浆…250克
花生酱…1小勺

Ⓒ朗姆酒…2½小勺

做法

与卡仕达奶油做法相同。如果不喜欢酒，可在倒入朗姆酒后煮沸，让酒精蒸发。

杏仁奶油

抹在挞皮中送入烤箱烘烤，香味浓郁。做法很简单，将所有原料混合均匀即可。

原料（便于制作的用量）

Ⓐ 杏仁粉…50克
低筋面粉…10克
盐…1小撮

Ⓑ 绢豆腐…40克
菜籽油…25克
甜菜糖（或枫糖）…35～40克
朗姆酒…1小勺

做法

1 把Ⓐ倒入小号搅拌碗中，用打蛋器混合均匀。

2 按照无花果布朗尼的做法（第60页）第2步混合菜籽油与豆腐，使其充分乳化。加入甜菜糖、朗姆酒，充分搅拌，尽量使甜菜糖完全溶化（a）。

a

3 把1加入2中，用打蛋器画圈混合成柔滑的糊状，可以直接用来做甜点。放入冰箱冷藏一段时间，让甜菜糖彻底溶化，风味更佳。

＊杏仁奶油做好后，不想花太多力气的话，可以直接抹在吐司上，用烤箱烤一下，马上就成了美味的甜点吐司。

Scone

司康

做司康时动作要快，烤好后趁热享用。
司康的做法既可以说简单，也可以说很难。
一定要有信心，快速完成所有步骤。

预热烤箱时快速做好面团、切成小块，
烘烤时泡一杯茶，从冰箱里取出自己喜欢的果酱或奶油。

完成这一系列简单的动作之后，
人生中一半的烦恼都会消失不见。

玉米粉司康

5 分钟

15 分钟

这是一款快手司康，只需一个搅拌碗，5 分钟内即可放入烤箱烘烤。先将菜籽油倒入粉类原料中混合成松散的颗粒状，再倒入豆浆快速搅拌成面团。加入玉米粉可以使面团变得更加轻盈，烤出的司康口感更松软。如果动作不够轻快熟练，会影响成品的口感和风味。只要做好的面团层次清晰，就能成功完成。烘烤前请勿触碰司康的切面，直接放入预热好的烤箱中烘烤，成品就会层次分明、口感酥软。黄豆粉司康、黑麦水果司康（第 100 页）的做法与玉米粉司康相同。

从经过烘烤自然开裂的裂口处掰开，轻松享用。

外皮酥脆、内芯松软，味道十分朴素。
即使在忙碌的工作日早晨也能轻松做好，是一道日常甜点。

Q 为什么烘烤前不能触碰司康的切面？

触碰切面容易破坏司康的层次，无法烤出照片中的裂口。

◎ 玉米粉司康的做法

原料（4块）

Ⓐ 低筋面粉…100克
玉米粉…25克
甜菜糖（或枫糖）…15克
泡打粉…1小勺
盐…2小撮

Ⓑ 菜籽油…30克
豆浆…40克（酌情调整用量）

切开后重叠、按压，
做成有层次的面团。

1 混合粉类原料

把Ⓐ倒入搅拌碗中，用打蛋器混合均匀，注意不要留有结块。

2 倒入油

倒入菜籽油，用打蛋器快速混合成松散的颗粒状（如果面团颗粒黏在一起，左右用力晃动搅拌碗摇散即可）。

{ POINT }

纵向对半切开 ▶

叠放在一起 ▶

简单整理成长方形 ▶

3 加入豆浆

倒入豆浆，一边转动搅拌碗一边用橡胶刮刀快速整理成一团（动作太慢的话，不容易混合均匀）。

4 切割、重叠

将面团放在案板上，稍稍压扁后简单整理成长方形，用刮板对半切开，叠在一起、稍稍用力按压平整。重复一次切割、重叠、按压的步骤。

5 切分

稍微修整一下，切成4块（第4～5步要快速完成，注意不要触碰司康的切面）。

6 烘烤

将司康放在铺了油纸的烤盘中，放入预热至200℃的烤箱烘烤15分钟。

美味 Plus+

· 司康烤好后趁热在裂口处淋适量枫糖浆。

· 将烤好的司康晾至温热，淋上冰凉的柠檬凝乳（第78页）。

· 放置一晚，第二天早上搭配汤一起享用。

◆◆◆

简单 Tips

· 烘烤前在司康表面刷一层豆浆，烤好的成品富有光泽。

· 切分成长方形也可以。

◆◆◆

更多口味

可根据个人喜好，在原料Ⓐ中加适量胡椒粉或干罗勒，同时将甜菜糖的用量调整为10克、盐增加至3小撮，就成了主食司康。

横向对半切开

叠放在一起

稍稍按压、整理成正方形，切成4块

快手司康

黄豆粉司康

5分钟

15分钟

加入黄豆粉，轻松做出地道的和风司康。朴实的乡村风味，适合搭配煎茶享用。

原料（4块）

Ⓐ 低筋面粉…100克
黄豆粉…25克
甜菜糖（或枫糖）…15克
泡打粉…1小勺
盐…2小撮

Ⓑ 菜籽油…30克
豆浆…45克（酌情调整用量）

■ 做法

按照玉米粉司康的做法（第98页）第1～5步混合面团、切成4块，放在铺了油纸的烤盘中，送入预热至200℃的烤箱烘烤15分钟。

美味 Plus+

请抹上红豆沙享用，搭配黄豆粉奶油（第24页）也很美味。

◆◆◆

更多口味

在原料Ⓐ中加入1大勺炒熟的黑芝麻，就成了芝麻黄豆粉司康。

快手司康

黑麦水果风味司康

10分钟

15分钟

用略带酸味的黑麦粉，搭配酸酸甜甜的水果干。一款质地紧实、风味浓厚的司康。

原料（4块）

Ⓐ 低筋面粉…100克
黑麦粉…25克
甜菜糖（或枫糖）…15克
泡打粉…1小勺
盐…2小撮

Ⓑ 菜籽油…30克
豆浆…40克（酌情调整用量）

Ⓒ 喜欢的水果干…30克
朗姆酒（或苹果汁）…5克

1 用朗姆酒将水果干泡软。

2 按照玉米粉司康的做法（第98页）第1～3步混合面团。

3 把水果干放在案板上，盖上面团、轻轻按压，整理成长方形。按照玉米粉司康的做法第4～5步将面团切割、重叠、按压、整形，重复1次，然后将面团切成4块（注意动作要迅速，不要触碰司康切面）。与在混合面团时加入水果干相比，按压、整形时加入，水果干更容易均匀分布在司康中。

4 将司康放在铺有油纸的烤盘上，送入预热至200℃的烤箱烘烤15分钟。

可以选用一种水果干，也可以将几种不同的水果干混合在一起，都非常美味。杏干、无花果干等大块的水果干要先切成小块。如果水果干比较硬，可以酌情增加朗姆酒的用量；如果水果干太软，则少加一些朗姆酒。照片中的司康用的是黑加仑干和菠萝干。

与玉米粉司康做法相同。
通过调整原料配比，
可自由变化出日式风味或西式风味。

Q 买不到黑麦粉怎么办？

可以用等量全麦面粉代替。

原味司康

10 分钟

15 分钟

大家都可以轻松做出司康特有的层次。
外层酥脆、内芯松软，初学者也能成功做出的魔法司康。

先将液体原料混合均匀，然后加入粉类原料。这样做可以利用柠檬汁中的果酸，让豆浆变得更加浓稠、使菜籽油充分乳化，从而让油均匀地分布在面团中，避免面团出油。另外，果酸还会与泡打粉发生反应、释放气体，使司康迅速膨胀、层次分明。初次做司康的朋友，可以从这款司康入手。巧克力司康与香蕉司康（第104页）也用了相同的做法。

原料（6块）

Ⓐ 低筋面粉…100克
杏仁粉…25克
甜菜糖（或枫糖）…15克
泡打粉…1⅓小勺
盐…2小撮

Ⓑ 菜籽油…30克
豆浆…40克（酌情调整用量）
柠檬汁…5克

＊夏天可将原料Ⓑ放入冰箱，冷藏后操作更方便、顺手。

1 把Ⓐ放入搅拌碗中，用打蛋器混合均匀，注意不要留有结块。

2 把Ⓑ倒入小号搅拌碗中，用打蛋器混合均匀，充分乳化（a）。

3 把1倒入2中（b），边转动搅拌碗边用橡胶刮刀快速搅拌、整理成一团（c）。

4 按照玉米粉司康的做法（第98页）第4步，将面团切割、重叠、按压，重复1次，简单整理成正方形，然后用直径4.5厘米的圆形切模切出4小块司康（d），将剩下的面团重新整理成一团、用切模切块，用完所有面团。

5 将司康放在铺了油纸的烤盘上，送入预热至200℃的烤箱烘烤15分钟。

a

b

c

d

美味 Plus+

满满地抹上豆浆酸奶油（第 108 页）或果酱，更添美味。

◆◆◆

更多口味

在第 2 步加入 30 克葡萄干，做法不变，即可做出水果风味的司康。

Q 司康坯可以切成三角形吗？

当然可以，切成不同形状的司康坯，烤好后一样美味。

经典司康

巧克力司康

10 分钟

15 分钟

大家都能做出拥有漂亮层次的甜美司康。第二天享用美味依旧，很适合当作礼物送给朋友。

原料（4 块）

Ⓐ 低筋面粉…100克
可可粉…15克
杏仁粉…15克
甜菜糖（或枫糖）…30克
泡打粉…1 ⅓ 小勺
盐…1小撮

Ⓑ 菜籽油…30克
豆浆…45克（酌情调整用量）
柠檬汁…5克

＊夏天可以将原料Ⓑ放入冰箱，冷藏后操作更方便、顺手。

■ 做法

按照原味司康（第102页）的做法第1～5步混合面团、切成4块，放在铺了油纸的烤盘上，送入预热至200℃的烤箱烘烤10分钟，然后将温度调至180℃，再烤5分钟。

更多口味

· 在切割、重叠面团时加入30克腰果，即可做出坚果司康。

· 在原料Ⓐ中加入1/2小勺肉桂粉，即可做出肉桂风味的巧克力司康。

经典司康

香蕉司康

10 分钟

15 分钟

浓郁甜香的司康特别受孩子们欢迎。口感有点像热比司吉，最适合当作茶点享用。

原料（4 块）

Ⓐ 低筋面粉…100克
全麦面粉…25克
甜菜糖（或枫糖）…20克
泡打粉…1 ⅓ 小勺
盐…1小撮

Ⓑ 香蕉…50克
菜籽油…25克
豆浆…20克（酌情调整用量）

＊夏天可以将原料Ⓑ放入冰箱，冷藏后操作更方便、顺手。

■ 做法

按照原味司康的做法第1～5步混合面团、切成4块。在第2步把香蕉去皮切片，与菜籽油一起放入小号搅拌碗中，用叉子压碎，再用搅拌器搅拌成黏稠的糊，倒入豆浆、搅拌成奶油状后，继续第3～5步。将切分好的司康放在铺了油纸的烤盘上，送入预热至200℃的烤箱烘烤15分钟。

美味 Plus+

搭配控去水分的豆浆酪乳（第109页）或蓝莓果酱享用。

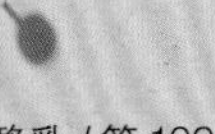

更多口味

把全麦面粉换成等量椰蓉，豆浆减少5克，即可做出浓香美味的香蕉椰子司康。

如果要变换口味、调整食谱，请注意一定要先将粉类原料混合均匀。
重叠、按压时加入坚果，可以使其更加均匀地分布在面团中。

Q 与其他口味的司康相比，为什么这两种司康面团要硬一些？

这两种司康含糖量更高，糖会在烘烤过程中融化，增加液体含量。把面团做得稍硬一些，成品的软硬度才刚刚好。

全麦司康

10分钟

15分钟

司康面团中加入了大量全麦面粉，须静置一段时间，使面粉充分吸收水分，这样烤出的成品就不会感觉粗糙了。注意，要将面团放入冰箱冷冻室，常温下泡打粉会提前发生反应，司康在烘烤时无法充分膨胀。此外，冷冻过的面团更容易切分，造型看起来更漂亮。

富含矿物质、风味丰富的司康。加入了大量全麦面粉，口感却一点也不粗糙。可以当作假日午餐。

原料（4块）

Ⓐ 低筋面粉…75克
全麦面粉…50克
甜菜糖（或枫糖）…15克
泡打粉…1 ½ 小勺
肉桂粉…1小勺
盐…3小撮

Ⓑ 有机起酥油…25克

Ⓒ 豆浆…70克（酌情调整用量）

＊夏天可以将原料Ⓑ放入冰箱，冷藏后操作更方便、顺手。

1 把Ⓐ倒入搅拌碗中，用打蛋器混合均匀，注意不要留有结块。

2 加入Ⓑ，边用叉子将起酥油压碎，边与粉类原料混合成松散的碎屑状。

3 加入Ⓒ，快速混合成一团。

4 把面团放在案板上，一只手固定面团一侧、另一只手按住面团（a）向外推展（b），再聚合成团（c），重复3次。用手或刮刀将面团整理成正方形（动作要快），包上保鲜膜放入冰箱冷冻30分钟，然后切成4等份（d）。

5 在司康表面刷一层豆浆，放在铺了油纸的烤盘上，送入预热至220℃的烤箱烘烤15分钟。

a

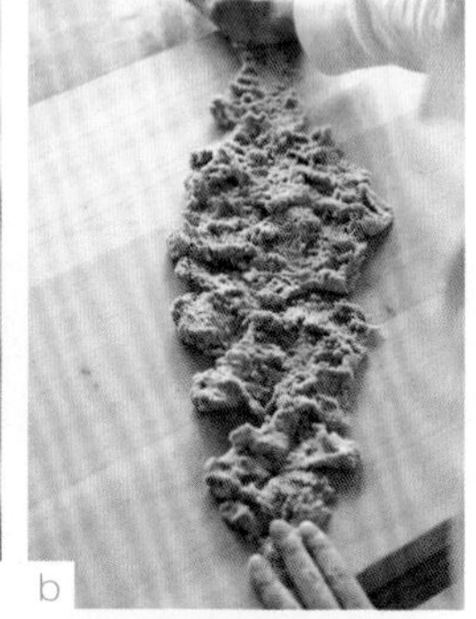
b

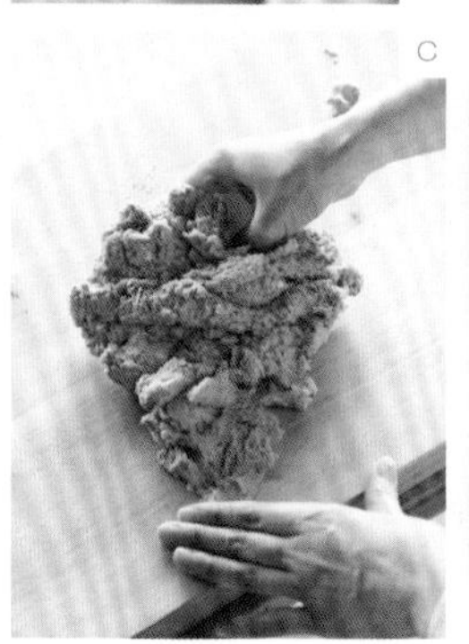
c

d

更多口味

· 在第 4 步加入 30 克核桃仁，就变成了全麦核桃司康。

· 还可以加一些葡萄干，但要预先切碎，否则容易烤焦。葡萄干的用量不要超过 25 克。

Q 可以省略冷冻面团这一步直接烘烤吗？

按照这份食谱，如果直接烘烤，成品口感不佳。要想省略这一步直接烘烤，请减少全麦面粉的用量。

豆浆酸奶油

不含乳制品的纯植物奶油。

借助麦芽糖的黏性，可以使有机起酥油与经过过滤的豆浆酪乳充分乳化。淡淡的酸味、浓厚的质地、绵软的口感……都和真正的酸奶油十分接近，很受欢迎。不过，其中一些原料不容易买到，因此为大家准备了一份代用食谱。

原料（便于制作的用量）

豆浆酪乳（第109页）…200克
（如果没有，请参考代用食谱）
有机起酥油…50克
（如果没有，请参考代用食谱）
米饴（或麦芽糖浆）…25克
香草精（或擦碎的柠檬皮）…少许

做法

1 把豆浆酪乳倒入铺了咖啡滤纸的滤杯中，放入冰箱冷藏一晚，控出多余水分（a）（成品约75克）。

2 将有机起酥油放入搅拌碗中，用小号打蛋器搅拌成奶油状。加入米饴，搅拌均匀。

3 将2分次倒入1中，每加入一部分2后都要搅拌至充分乳化，最后加入香草精拌匀即可。

a

豆浆酪乳

■ 原料（成品约1升）

豆浆（固体成分9%以上）…1升
植物性乳酸菌…1小袋

■ 做法

把植物性乳酸菌（b）加入豆浆中，裹上发酵专用保温器（c），40℃恒温发酵6～8小时即可。放入冰箱冷藏可保存4～5天。

b

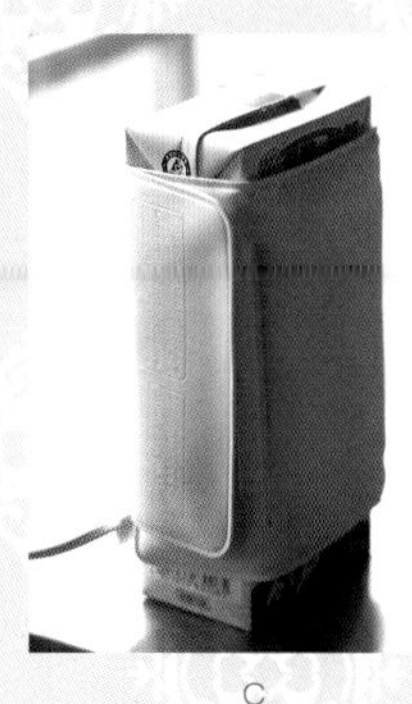
c

代用食谱

◆如果没有豆浆酪乳，可将200克豆浆倒入小锅中，小火加热至50℃左右，关火。加入10克柠檬汁，混合均匀。凝固后倒入铺了咖啡滤纸的滤杯中，滤除多余水分后留下75克浓稠的豆浆，用来代替豆浆酪乳，制作豆浆酸奶油或豆浆奶油乳酪（下述）。

◆没有起酥油就无法制作豆浆酸奶油，但是仍然可以做出美味的豆浆奶油乳酪。将"1大勺菜籽油＋1大勺甜菜糖＋2小撮盐"加入75克经过过滤的豆浆酪乳中，拌匀即可。

小礼物

酒糟松露

20 分钟

> 酒糟芳香醇厚、口感富有弹性，最适合用来做松露。

原料（20～25颗）

Ⓐ 酒糟…120克
豆浆…40～50克（根据酒糟的硬度调整用量）
米饴（或麦芽糖浆）…30克

Ⓑ 杏仁粉…50克
甜菜糖（或枫糖）…40克
盐…少许

Ⓒ 可可粉…15克
有机起酥油…50克（或30克菜籽油）

建议选用软一些的酒糟，做起来比较容易。如果酒糟太硬，可以适当减少用量，另外加入等量豆浆。若想做给孩子吃，可以延长酒糟的加热时间使酒精充分挥发，并多加一些豆浆；如果喜欢酒的香气，则可缩短加热时间以保留酒香。注意，不要让水分过度蒸发，以免最后出现油水分离。

1 将Ⓐ倒入锅中，静置一段时间，直至酒糟吸水变软。

2 把1混合均匀，一边小火加热一边用木铲搅拌。待米饴融化、食材呈糊状时（a）加入Ⓑ，继续边搅拌边小火煮大约2分钟，直至食材变浓稠（b）。

3 关火，趁热依次加入可可粉、有机起酥油，用打蛋器搅拌至充分乳化、变成柔滑有光泽的糊状（c）（注意动作要快，冷却后起酥油会分离）。

4 放入冰箱冷藏，凝固后揉成小球，表面筛一层可可粉（另备）。

a

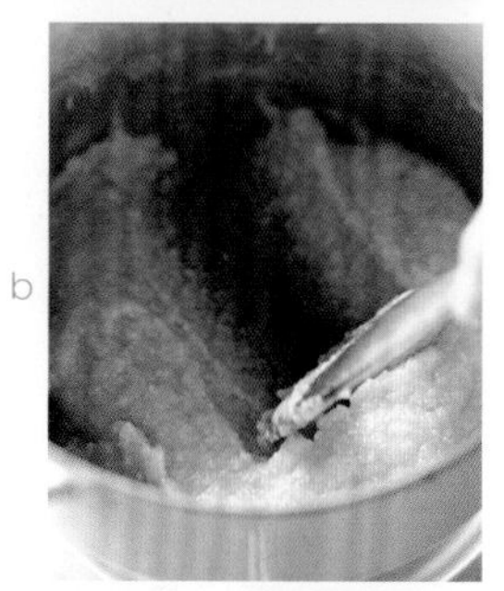

b

c

简单 Tips

在第 3 步，用电动打蛋器将食材搅拌至柔滑状态，成品的口感会更加细滑。

Q 为什么原料混合凝固后会出现白色的油脂层？

在第 2 步，要趁热让起酥油充分乳化（参考第 20 页），否则起酥油就会从中分离、形成白色的油脂层。

◎ 7 种必备工具

本书中的食谱并不需要用电动打蛋器或食品料理机，只要准备几种必备工具即可，这也有助于减少清洗工作。打蛋器、搅拌碗、橡胶刮刀是使用率最高的工具，每种准备不同大小的操作更方便。

◎ 原料介绍

美味的甜点，从优质的原料开始。现在就把挑选原料的要点介绍给大家。

基本原料

【甜味调味料】

本书食谱中的甜菜糖都可以用枫糖代替。蜂蜜可以用龙舌兰糖浆代替。

甜菜糖价格便宜、风味纯朴，随处可以买到。龙舌兰糖浆虽然不太容易买到，却是纯天然的甜味调味料，甜度是砂糖的 1.3 倍，GI 指数（血糖生成指数，是反映食物引起人体血糖升高程度的指标）却很低，同时也不容易导致蛀牙。枫糖浆风味独特，建议在做甜点或面包时使用。麦芽糖浆则可以用来增加风味、让成品更有光泽。

【菜籽油】

请选用以物理方法压榨的非转基因菜籽油，推荐经过水洗[①]的初榨菜籽油。这样的油只使用初次压榨的原油，精炼过程中没有多余工序，利用油水分离的原理，用热水去除杂质。在各种植物油中，菜籽油拥有醇厚的风味与黄油般的质感，最适合用来做甜点。未经水洗的菜籽油味道过重，请不要使用。

【低筋面粉】

广义的低筋面粉可以分为普通低筋面粉与全麦低筋面粉（全麦面粉）。全麦低筋面粉是小麦连同麸皮与胚芽整粒磨成的面粉，含有丰富的维生素、矿物质与膳食纤维，用它做出的甜点麦香浓郁，风味也更丰富（请注意，不要与全麦高筋面粉混淆）。无论是低筋面粉还是全麦面粉，推荐大家选用有机产品，可以在自然食品店中买到。

【豆浆】

请选用口感爽滑、味道柔和的豆浆。清爽细滑的豆浆更适合用来做甜点。请不要选用加入了植脂末和糖来增添风味的调味豆浆，务必选择未经调味的原味豆浆。有的超市可以买到有机豆浆，未经调味的有机豆浆是最佳选择，如果买不到，可以选用非转基因豆浆。

【其他】

请选用不含红薯淀粉或其他淀粉的 100% 纯葛根粉。葛根粉有块状和粉状两种，粉状比较适合用来做甜点。请务必选用未经化学处理、以传统工艺制造的葛根粉。土豆淀粉很容易买到，即使是有机产品也不贵。在面粉中加入少量葛根粉或土豆淀粉，即可做出酥脆的口感，请选择容易买到的。

香草精和朗姆酒等风味食材，是轻松做出美味甜点所不可缺少的重要原料，它们可以去除豆浆的豆腥味、赋予甜点异域风味。在有机商店中，经常能找到香草精、柠檬香精、橘子香精等多种香精。至于朗姆酒，准备一瓶会非常方便。优质朗姆酒比较容易买到，还可以与各种香精、植物萃取物搭配使用，花费不多，却能做出醇香美味的甜点。

泡打粉请选择不含铝的产品，自然食品店中可以找到有机泡打粉。泡打粉开封后须密封保存，尽快用完。

①炼油的一道工序。利用油中磷脂等杂质的亲水性，在油中加入水，杂质吸水后体积增大、结成团，静置沉降后即可分离出去。

常备原料

这些都是我的烘焙教室选用的原料。

（大家可以随意选择自己惯用的品牌，请尽量选用优质健康的产品！）

低筋面粉

全麦面粉

土豆淀粉、葛根粉

菜籽油

有机起酥油

豆浆

甜菜糖、枫糖

枫糖浆

龙舌兰糖浆

米饴

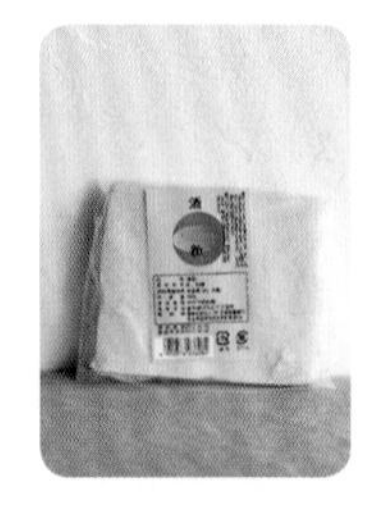

酒糟

泡打粉

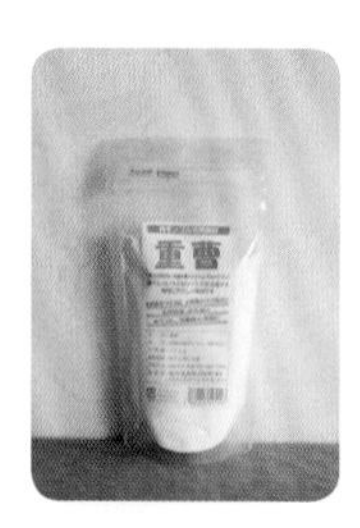

小苏打

黄豆粉

玉米粉

可可粉

杏仁粉

椰蓉

杏仁片

麦片

冷冻草莓

朗姆酒

柠檬汁

香草精、柠檬香精

◎ 白崎裕子 Q&A

除了食谱中的 Q&A，再列举几个大家经常会问到的问题。

Q 甜味调味料或者油的用量可以自行调整吗？

甜菜糖这类粉状甜味调味料，可以根据喜好适当增减用量。如果要减少枫糖浆或菜籽油等液体原料的用量，请另外加入等量豆浆。

Q 豆腐和菜籽油乳化失败了怎么办？

请加入少量粉类原料，再次搅拌使其乳化（参考第 20 页）。如果把菜籽油一次全部加入到豆腐中，或者豆腐与菜籽油之间存在温差，就比较容易分离，请多加注意。

Q 如果要自己调整食谱原料的配比，有什么要注意的吗？

先将粉类原料、液体原料分别混合均匀，坚果则最后加入，以免过多吸收面团中的水分、变软，影响口感。

Q 为什么我做的饼干口感不够酥脆？

烤好的饼干如果还有些湿软，请重新放入 150℃的烤箱中烘烤，直至饼干变酥脆。下次做可以适当调高烤箱的温度。另外，最好将液体原料冷藏保存，随用随取，这样做出的饼干糊不容易出筋。

Q 食谱中的绢豆腐可以换成木棉豆腐吗？

木棉豆腐的质地相对来说要粗糙一些，容易与菜籽油分离，请尽量用绢豆腐制作。如果要用木棉豆腐来做，建议先用料理机搅打成泥，这样乳化时会更顺利。

后 记

在我看来，甜点并不是为了健康与营养而生的，它是为了给人们带来快乐和好心情。当然，大家都渴望健康，如果可以，谁都不想变胖。我们也希望能尽量减少厨余垃圾，不让远方的农人因为浪费而心痛。不过……如果无法给人们带来喜悦，那甜点就失去了存在的意义。

做甜点时，我总会思考这些问题：“怎样才能让甜点放到第二天也不会变干？”“怎样让风味更加浓郁而又不油腻？”“安全性呢？选用什么样的原料、如何配比才能做出让人放心的甜点？”既要让大家觉得开心、值得回味，又要让大家可以真正地安心享用，两者的理想交汇点，我至今仍在寻找。

“想吃美味的甜点了，今天要赶紧回家做点儿！”

如果大家读了这本书之后有这样的想法，就是我最开心的事。

11 年前，只要我说“烤好啦！”无论什么样的甜点，自然食品店“轮屋”都会照单全收，那时的甜点都在轮屋售卖。

6 年前，“阴阳洞”的宇野先生把我从埼玉召唤到逗子。这期间，我做出了堆

积如山的试作品，积累的经验让我至今受益匪浅。

摄影师寺泽先生、设计师山本先生，对于两位的感谢，寥寥数语无法表达。我们所期待的种种都像魔法一般在你们手中实现，造型师高木先生，很高兴认识您。编辑中村先生，托您的福，我实现了长久以来的梦想。衷心感谢大家！

枭城的各位朋友，感谢你们一如既往的支持。让我们朝下一座山进发！

白崎裕子

2012 年 8 月

图书在版编目（CIP）数据

好吃的点心，理想的下午 /（日）白崎裕子著；赵可译. -- 海口：南海出版公司，2017.10
ISBN 978-7-5442-8853-8

Ⅰ. ①好… Ⅱ. ①白… ②赵… Ⅲ. ①烘焙－食谱
Ⅳ. ①TS213.2

中国版本图书馆CIP数据核字(2017)第080616号

著作权合同登记号 图字：30-2017-034

好吃的点心，理想的下午
〔日〕白崎裕子 著
赵可 译

出　　版 南海出版公司 (0898)66568511
　　　　 海口市海秀中路51号星华大厦五楼　邮编 570206
发　　行 新经典发行有限公司
　　　　 电话(010)68423599　邮箱 editor@readinglife.com
经　　销 新华书店

责任编辑 秦　薇
特邀编辑 郭　婷
装帧设计 朱　琳
内文制作 博远文化

印　　刷 天津市银博印刷集团有限公司
开　　本 889毫米×1194毫米　1/16
印　　张 7.5
字　　数 90千
版　　次 2017年10月第1版
　　　　 2017年10月第1次印刷
书　　号 ISBN 978-7-5442-8853-8
定　　价 49.00元